August Kekulé

Über die Konstitution und die Metamorphosen der chemischen Verbindungen und über die chemische Natur des Kohlenstoffs

----

Untersuchungen über aromatische Verbindungen

SEVERUS

Kekulé, August: Über die Konstitution und die Metamorphosen der chemischen Verbindungen und über die chemische Natur des Kohlenstoffs. Untersuchungen über aromatische Verbindungen Nachdruck der Originalausgabe von 1904

Hamburg, SEVERUS Verlag 2012

ISBN: 978-3-86347-249-8
Druck: SEVERUS Verlag, Hamburg, 2012

Der SEVERUS Verlag ist ein Imprint der Diplomica Verlag GmbH.

Bibliografische Information der Deutschen Nationalbibliothek:
Die Deutsche Nationalbibliothek verzeichnet diese Publikation in der Deutschen Nationalbibliografie; detaillierte bibliografische Daten sind im Internet über http://dnb.d-nb.de abrufbar.

Über die Konstitution und die Metamorphosen der chemischen Verbindungen und über die chemische Natur des Kohlenstoffs

Untersuchungen über aromatische Verbindungen

von

August Kekulé

Herausgegeben von

A. Ladenburg

Mit 2 Figuren im Text und einer Tafel.

SEVERUS

Über die Konstitution und die Metamorphosen der chemischen Verbindungen und über die chemische Natur des Kohlenstoffs[1].

Von

August Kekulé.

Annalen der Chemie und Pharmazie. CVI. Bd., 2. Heft, S. 129—159.

Vor einiger Zeit*) habe ich Betrachtungen »über die sog. gepaarten Verbindungen und über die Theorie der mehratomigen Radikale« mitgeteilt, deren weitere Ausführung und Vervollständigung jetzt, um Mißverständnissen vorzubeugen, zweckmäßig erscheint.

Meine damalige Mitteilung hat von seiten *Limprichts* Bemerkungen**) veranlaßt, auf deren größeren Teil näher einzugehen ich mich nicht veranlaßt finde***). Eine derselben [**130**] bedarf indes, insofern sie theoretisch wichtige Fragen betrifft, doch der Besprechung. *Limpricht* meint nämlich, meine frühere Bemerkung: »Daß die von ihm und *v. Uslar*

---

*) Annalen der Chemie und Pharmazie. CIV, 129.
**) Daselbst CV, 177.
***) In betreff der Berechtigung meiner damaligen Aussprüche vergleiche man: Annalen der Chem. und Pharm. CII, 249: »n e u e Ansicht«; »ist die n e u e Ansicht« usw. Annalen der Chem. und Pharm. CII, 259: »Es hieße, den Tatsachen geradezu widersprechen, wenn man die Sulfobenzoesäure noch fernerhin als g e p a a r t e S c h w e f e l s ä u r e usw. aufführen wollte.« Annalen der Chem. und Pharm. CIII, 71: »Als gepaarte Säuren bleiben dieser Begriffsbestimmung nach noch übrig: 3) diejenigen, welche aus einer organischen und einer zweibasischen unorganischen sich bilden, von denen n u r die mit S c h w e f e l s ä u r e gepaarten bekannt sind.«

verteidigte Ansicht unerklärt lasse, wie durch Substitution von
SO_2 an die Stelle von H aus der einbasischen Essigsäure die
zweibasische Sulfoessigsäure entstünde usw.« sei unbegründet.
Er sagt (a. a. O. S. 182): »Wie also nach unserer Ansicht die
zweibasische Natur der erwähnten Sulfosäuren unerklärt bleiben
soll, ist nicht recht einzusehen, mit unserer Ansicht ist vielmehr eine andere Basizität der Säuren ganz unverträglich.«
Ich bin jetzt noch wie früher der Ansicht, daß zwar das sog.
Basizitätsgesetz*) die zwei[131]basische Natur dieser Säuren[2]),

---

*) Da diese, wie *Strecker* (CIII, 334) den wiederholten ungenauen
Zitaten gegenüber mit Recht hervorhebt, von ihm herrührende und
von *Gerhardt* nur modifizierte Regel, die unstreitig in vielen Fällen
zutrifft und deshalb gewiß zweckmäßig ist, in neuerer Zeit oft als
»allgemein gültiges Gesetz« hingestellt wird, ist es nötig, darauf
aufmerksam zu machen, daß sie dies nicht ist, daß sie vielmehr
nur zutrifft, wenn man sie nicht zu weit ausdehnt, namentlich nicht
auf die Fälle, auf welche sie nicht paßt; oder aber, wenn man die
Basizität der einwirkenden Substanzen oder des Produktes nach
Willkür annimmt.

Einige Beispiele werden dies zeigen.

Die Äthylschwefelsäure ist einbasisch; nach der Regel von
Strecker (oder der von *Gerhardt*) muß sie einbasisch sein, wenn
man den Alkohol als neutral annimmt.

Die Phenylschwefelsäure ist einbasisch wie die Äthylschwefelsäure; die Regel zeigt dies, wenn man die Karbolsäure als indif-
ferent, als Phenylalkohol betrachtet, wenn man ihre Basizität, wie
die des Alkohols = 0 annimmt.

$$B = 2 + 0 - (2 - 1) = 1.$$

Die Nitroprodukte der Karbolsäure sind einbasische Säuren;
Limpricht und *v. Uslar* zeigen (CII, 246 f.) mit *Gerhardt* (Traité IV,
834), daß dies so sein muß, weil für Pikrinsäure z. B.:

$$B = 3 + 1 - (4 - 1) = 1.$$

Dabei wird einmal die Basizität der Karbolsäure = 1, das andere
Mal = 0 angenommen; so gelingt es, die Regel für beide [131] Fälle
passend und zu einem »allgemein gültigen Gesetz« zu machen, zu
welchem jetzt erst »die einzige Ausnahme entdeckt worden ist«
(CV, 185).

Wer soll nun aber entscheiden, ob die Karbolsäure ein indifferenter Alkohol oder eine einbasische Säure ist? Läßt man die
Bildung der einbasischen Phenylschwefelsäure entscheiden, setzt
man also die Basizität der Karbolsäure = 0, so macht die Pikrinsäure eine Ausnahme vom »Gesetz«. Verfährt man umgekehrt,
leitet man aus der Bildung der Pikrinsäure usw. die Ansicht her,
die Karbolsäure sei eine einbasische Säure, so macht die Phenylschwefelsäure eine Ausnahme, sie müßte zweibasisch sein, wie die
Essigschwefelsäure, denn:

$$B = 2 + 1 - (2 - 1) = 2.$$

bis zu einem gewissen Grad wenigstens, voraussehen läßt, nicht aber die neue, von *Limpricht* und *v. Uslar* verteidigte Ansicht, die Sulfosäuren seien Substitutionsprodukte.

[132] Ich bin jetzt genötigt, etwas ausführlicher auf diesen Gegenstand einzugehen, was ich früher absichtlich vermied.

Ich sehe zunächst nicht ein, was man damit sagen will: »die Sulfosäuren sind Substitutionsprodukte«. Unter Substitution hat man von jeher eine Vertretung einer gewissen Anzahl von Atomen durch eine äquivalente Menge anderer Atome verstanden. In welcher Weise nun die Sulfobenzolsäure als Substitutionsprodukt des Benzols, die Sulfokarbolsäure als Substitutionsprodukt der Karbolsäure betrachtet werden soll, weiß ich nicht. Man sagt, die Gruppe SO_2 tritt ins Radikal ein an die Stelle von Wasserstoff (CII, 248 und 249); sie substituirt; ich frage: was?

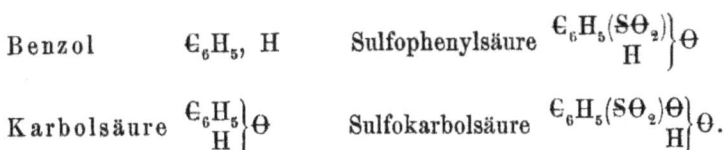

Benzol C_6H_5, H Sulfophenylsäure $\left.\begin{array}{l}C_6H_5(SO_2)\\H\end{array}\right\}\Theta$

Karbolsäure $\left.\begin{array}{l}C_6H_5\\H\end{array}\right\}\Theta$ Sulfokarbolsäure $\left.\begin{array}{l}C_6H_5(SO_2)\Theta\\H\end{array}\right\}\Theta.$

Da sie aber dennoch einbasisch ist, so muß man wohl (vgl. CV, 185) den Grund in noch unerforschten Verhältnissen der Karbolsäure suchen; man kann etwa annehmen (vgl. CIII, 80), daß es zwei verschiedene Karbolsäuren gibt, von welchen die eine eine einbasische Säure, die andere wie der Alkohol ein indifferenter Körper ist.

Ähnlich geht es bei vielen amidartigen Verbindungen. Für die Amide der einbasischen Säuren gibt die Regel von *Strecker* und die von *Gerhardt* die Basizität $= 0$; für viele Amide weiß man indes seit länger, für das Azetamid hat es *Strecker* selbst vor kurzem gezeigt, daß sie sich mit einzelnen Metalloxyden direkt verbinden, also wie einbasische Säuren verhalten.

Für die Imide gibt die Regel von *Strecker* die Basizität $= 0$, die von *Gerhardt* $= 1$; *Strecker* führt dies (CIII, 335) zugunsten seiner Regel auf, und doch weiß man, daß das Succinimid (z. B.) mit Silberoxyd und Quecksilberoxyd salzartige Verbindungen liefert, und man betrachtet die Cyansäure fast allgemein als Imid der Kohlensäure und gleichzeitig als einbasische Säure.

Man sieht, die ganze Frage läuft darauf hinaus: was ist eine Säure? Ein Körper, in welchem Wasserstoff durch Metalle vertreten werden kann, oder ein Körper, bei dem solche Vertretung gerade mit besonderer Leichtigkeit stattfindet? und mit welcher, wo ist die Grenze?

Wenn die Wirkung der Schwefelsäure bei Bildung solcher Sulfosäuren eine Substitution wäre, so müßte zunächst der Typus beibehalten werden; wenigstens ist dies, seitdem *Laurent* die Substitutionstheorie aufstellte, bis jetzt die herrschende Ansicht gewesen. In diesen Fällen wird aber der Typus verändert, und selbst wenn man von diesem absieht und nur die Radikale betrachtet, wie dies für die Sulfobenzoësäure und die Sulfosalicylsäure geschehen ist, so kann man wohl fragen: was wird wohl vom Radikal Phenyl substituiert, wenn Sulfophenylsäure oder Sulfokarbolsäure entstehen? Für die Sulfoessigsäure, Sulfobenzoësäure usw. ist die Annahme gemacht worden (CIII, 73; CV, 183 ff.): die Gruppe SO_2 substituiere ein Atom H, obgleich sie zwei Atomen H äquivalent sei; man kann wohl die Erwartung aussprechen, daß die Mehrheit der Chemiker eine solche Erweiterung des Begriffes von Substitution nicht annehmen werde. Warum nun aber bei solcher »Substitution« (wenn man den Namen [133] gebrauchen will, obgleich er offenbar nicht gebraucht werden kann) das Radikal seine Basizität ändert, warum aus einem Körper, den man dem Typus $H_2\Theta$ zuzählt, ein Körper entsteht, der dem Typus 2 $H_2\Theta$ zugehört, ist damit immer noch nicht erklärt, ebensowenig wie der Übergang des dem H_2-Typus zugehörigen Benzols in die dem Typus $H_2\Theta$ zugehörende Sulfophenylsäure, durch Eintritt der Gruppe SO_2 an die Stelle von O Atom H im Radikal. — Dies sind, etwas ausführlicher wie früher, die Bedenken, die ich damals in dem oben wiederholten Satz andeutete. Wenn aber der Satz (CIII, 74): »Bei den übrigen Substitutionen, für die sich die Sulfosäuren als Repräsentanten aufstellen lassen, muß, wenn für 1 Atom H des organischen Radikals ein Säureradikal äquivalent 2 Atomen Wasserstoff eintritt, notwendig dessen Äquivalent in acidem Wasserstoff, d. h. die Basizität um 1 erhöht werden; das verdrängte Wasserstoffatom kann deshalb nicht ausscheiden usw.« als Erklärung gelten soll (CV, 184), so kann ich darin nicht beistimmen. Ich gestehe vielmehr, daß ich den Sinn dieses Satzes nicht recht verstehe; es sei denn, daß damit gesagt sein soll: daß die eine Hälfte des zweiatomigen Radikals SO_2 an die Stelle von einem Atom Wasserstoff tritt, und daß so, weil die andere Hälfte von ihr nicht trennbar ist, nicht nur diese, sondern auch noch die mit ihr verbundenen Atome mit der Molekulargruppe zusammengehalten werden; und daß so eine eben deshalb einem komplizirteren Typus zugehörige Substanz erzeugt wird. Soll dies der Sinn jenes Satzes sein, so ist es genau die Ansicht, die ich früher (CIV, 141) entwickelte*).

Man wird daraus sehen, daß die Übereinstimmung in den Ansichten über gepaarte Verbindungen (CV, 180) nicht [134] allzu groß ist, und daß der Unterschied der Ansichten nicht wesentlich in der Schreibweise der Formeln liegt (CV, 182); daß vielmehr die Ansichten selbst größere Verschiedenheiten zeigen, als die Formeln, durch welche sie angedeutet werden sollen. Ich habe nichts dagegen, wenn man die Sulfobenzolsäure z. B.:

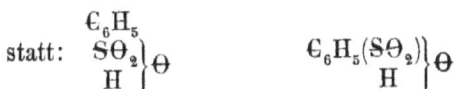

$$\text{statt:}\quad \begin{matrix} C_6H_5 \\ SO_2 \\ H \end{matrix}\Bigg\} \Theta \qquad\qquad \begin{matrix} C_6H_5(SO_2) \\ H \end{matrix}\Bigg\} \Theta$$

schreibt; vorausgesetzt, daß man mit dieser Formel nicht etwa bezeichnen will, daß die Sulfobenzolsäure ein Substitutionsprodukt sei.

Ich halte es für geeignet[3]), bei der Gelegenheit darauf aufmerksam zu machen, daß der Schreibweise der Formeln nach, seitdem die typische Schreibweise sich eingebürgert hat, eine größere Übereinstimmung der Ansichten stattzufinden scheint, als dies wirklich der Fall ist; indem manche Chemiker zwar die äußere Form der neuen Typentheorie vollständig adoptirt haben, die Idee aber, die derselben zugrunde liegt, entweder mißverstehen oder doch verschieden auffassen. Ein einfaches Beispiel wird dies zeigen. *Limpricht*, der zuerst in Deutschland in einem Lehrbuch (Grundriß der organ. Chemie) sich der typischen Schreibweise und der darauf begründeten Systematik bediente, nimmt z. B., ebensowie ich, einen Typus Wasser an, den wir mit:

$$H_2\Theta \quad\text{oder}\quad H_2O_2$$

bezeichnen. Die Idee, die wir durch diese Formeln ausdrücken, ist offenbar verschieden, obgleich die Formel identisch ist. *Limpricht* sagt darüber (Grundriß S. 3 ff.): »In der Anordnung der Bestandteile der organischen Verbindungen bemerkt man die größte Ähnlichkeit mit gewissen unorganischen Verbindungen, so daß diese als Typus jener erscheinen. Wir stellen folgende Typen auf: Wasserstoff [135] $=\left.\begin{matrix}H\\H\end{matrix}\right\}$; Wasser $=\left.\begin{matrix}H\\H\end{matrix}\right\}O_2$ u. s. f.«; er nimmt dabei O_2 für zwei Atome Sauerstoff und betrachtet

---

*) Vgl. übrigens *Gerhardt*, Traité IV, 666.

das Wasser selbst als HO*). Ich meinerseits bezeichne mit
der Formel $H_2\Theta$, daß die einfachste Verbindung von Wasserstoff und Sauerstoff zwei Atome Wasserstoff auf ein Atom
Sauerstoff enthält und enthalten muß, und daß es keine kleinere
Menge dieser Verbindung geben kann, weil der Sauerstoff zweiatomig ist. Ich rechne alle die Körper zu demselben Typus,
bei welchen aus derselben Ursache, also durch ein zweiatomiges
Element (oder Radikal), zwei einatomige zu einem unteilbaren
Ganzen, zu einem Molekül, zusammengehalten werden. Für
mich hat der Typus Wasser nur dann Sinn, wenn die zwei
Atome Sauerstoff von *Limpricht* ein unteilbares Ganze, also
ein Atom sind; ich verstehe nicht, wie die Ähnlichkeit organischer Verbindungen mit dem Wasser dazu führen kann, sie
als dem Typus H_2O_2 zugehörig zu betrachten, wenn man das
Wasser selbst als HO betrachtet; ich verstehe, mit einem Wort,
den Typus Wasser nicht, wenn das Wasser nicht seinem eige-
nen Typus zugehört.

Die Verschiedenheit der Ansichten, die sich bei diesem
einfachsten Beispiel zeigt, wiederholt sich natürlich bei allen
chemischen Verbindungen; sie findet selbst dann statt, wenn
die Formeln zufällig identisch sind. — Der Umstand, daß
[136] diese tiefgehende Verschiedenheit der Ansichten, wie es
scheint, ziemlich allgemein übersehen wird, wird es entschul-
digen, wenn ich sie in den folgenden Betrachtungen besonders
hervorzuheben suche. Dabei muß ich wiederholt hervorheben,
daß ich einen großen Teil dieser Ansichten in keiner Weise
für von mir herrührend halte, vielmehr der Ansicht bin, daß
außer den früher genannten Chemikern (*Williamson*, *Odling*,
Gerhardt), von welchen ausführlichere Betrachtungen über diese
Gegenstände vorliegen, auch andere die Grundideen dieser Ansichten wenigstens teilen; vor allen *Wurtz*, der es zwar nie
für nötig hielt, seine Ansichten ausführlicher zu entwickeln,

---

*) Seite 2 (Grundriß) wird zwar $O = 16$ und $H_2O_2 = 18$ als
geringster Wirkungswert für organische Verbindungen für wahrscheinlich erklärt; die Vorrede gibt indes die Gründe, warum
$O = 8$ beibehalten und im ganzen Werk das Wasser mit HO bezeichnet wird; so daß die Menge Wasser, welche nach dem Geist
der Typentheorie die geringst mögliche ist, stets $2HO$ geschrieben
wird.

Da *Limpricht* sich über diesen Gegenstand seitdem nicht ausgesprochen hat, vielmehr das Wasser noch HO schreibt, muß man
wohl annehmen, daß dies noch seine Ansicht ist.

uns anderen aber gestattet, sie in jeder seiner klassischen Arbeiten, durch welche die Entwicklung dieser Ansichten erst möglich wurde, zwischen den Zeilen zu lesen.

Der Kürze wegen scheint es zweckmäßig, auf Anführung und Kritik der jetzt herrschenden Ansichten Verzicht zu leisten, meine Anschauung meistens nur anzudeuten, und die Zahl der Beispiele, die sich zudem mit Leichtigkeit aus allen Körpergruppen in beliebiger Anzahl beibringen lassen, möglichst zu beschränken.

Ich halte es für nötig und, bei dem jetzigen Stand der chemischen Kenntnisse, für viele Fälle für möglich, bei der Erklärung der Eigenschaften der chemischen Verbindungen zurückzugehen bis auf die Elemente selbst, die die Verbindungen zusammensetzen. Ich halte es nicht mehr für Hauptaufgabe der Zeit, Atomgruppen nachzuweisen, die gewisser Eigenschaften wegen als Radikale betrachtet werden können, und so die Verbindungen einigen Typen zuzuzählen, die dabei [137] kaum eine andere Bedeutung als die einer Musterformel haben. Ich glaube vielmehr, daß man die Betrachtung auch auf die Konstitution der Radikale selbst ausdehnen, die Beziehungen der Radikale untereinander ermitteln, und aus der Natur der Elemente ebensowohl die Natur der Radikale, wie die ihrer Verbindungen herleiten soll. Die früher von mir zusammengestellten Betrachtungen über die Natur der Elemente, über die Basizität der Atome, bilden dazu den Ausgangspunkt. Die einfachsten Kombinationen der Elemente untereinander, so wie sie durch die ungleiche Basizität der Atome bedingt werden, sind die einfachsten Typen. Die Verbindungen können bestimmten Typen zugezählt werden, sobald bei der gerade in Betracht gezogenen Reaktion die Verbindung von der Seite angegriffen wird, wo sie die für den Typus charakteristische Reaktion zeigt. Radikal nenne ich dabei den Rest, der bei der betreffenden Reaktion gerade nicht angegriffen wird, um dessen Konstitution man sich also für den Augenblick nicht weiter kümmert.

Um verständlicher zu werden, scheint es geeignet, zunächst die Vorstellung mitzuteilen, die ich von dem Vorgang bei chemischen Metamorphosen habe. Es scheint mir nämlich, als ob die Hauptursache mancher Unklarheit in den Ansichten durch die einseitige Vorstellung veranlaßt werde, die man von chemischen Metamorphosen hat*).

Chemische Metamorphosen; Verbindung und Zersetzung.

Während man sich früher meist damit begnügte, das Endresultat einer chemischen Aktion in einer Gleichung [138] auszudrücken, hat man in neuerer Zeit eine Vorstellung, die seit lange auf einzelne Körpergruppen in Anwendung war, allgemein auf alle chemischen Metamorphosen angewandt; man hat sich bemüht, alle Reaktionen als doppelte Zersetzung aufzufassen. Die *Gerhardt*sche Typentheorie beruht, wie *Gerhardt* selbst hervorhebt (Traité IV, 586), auf Annahme dieser Reaktion als *réaction type* (IV, 570 ff.). Aus dem Folgenden wird, wie ich hoffe, klar werden, daß diese Auffassung nicht allgemein genug ist, insofern sie nicht auf alle Metamorphosen anwendbar ist, und weil sie selbst für die Fälle, auf welche sie paßt, nicht hinlänglich tief in der Erklärung geht.

Die chemischen Metamorphosen können in bezug auf die dabei stattfindenden Vorgänge zunächst unter folgende Gesichtspunkte zusammengefaßt werden:

1. Direkte Addition, von zwei Molekülen zu einem, findet verhältnismäßig selten statt; indessen addirt sich direkt: NH_3 zu HCl; PCl_3 zu Cl_2 usw. Für die dem Typus NH_3 zugehörigen Körper ist es sogar die am meisten charakteristische Reaktion, daß sie sich zu einem Molekül einer dem Typus H_2 zugehörigen Substanz direkt addiren. Auch die isolirten zweiatomigen Radikale addiren sich direkt zu 1 Molekül Cl_2 usw., z. B. Kohlenoxyd, Elayl usw.

2. Vereinigung mehrerer Moleküle durch Umlagerung eines mehratomigen Radikals. — Die Bildung von Schwefelsäurehydrat aus SO_3 und H_2O, die des Nordhäuser Vitriolöls aus wasserfreier Schwefelsäure und Schwefelsäurehydrat, das Entstehen der Hydrate zweibasischer Säuren bei Einwirkung von Wasser auf das Anhydrid, die Bildung der Aminsäuren bei Einwirkung von Wasser auf das Imid, die der Amide bei Einwirkung von NH_3 auf Imid usw. gehören hierher. Z. B.:

---

*) Vgl. übrigens *Laurents* geistreiche Betrachtungen über diesen Gegenstand; Méthode de Chimie S. 408 u. a.

[139]

Glykolid	Glykol-säure	Succinimid	Succinamin-säure	Karbimid Cyansäure	Karbamid Harnstoff
$C_2\overset{..}{H}_2\Theta,\Theta$	$\overset{H}{\underset{H}{C_2\overset{..}{H}_2\Theta}}\Big\}\Theta$	$C_4\overset{..}{H}_4\Theta_2\Big\}N$	$\overset{H}{\underset{H}{}}\Big\}N$	$\overset{H}{\underset{H}{H}}\Big\}N$	$\overset{H}{\underset{C\Theta}{H}}\Big\}N$
$\overset{H}{\underset{H}{}}\Big\}\Theta$	$\overset{H}{\underset{H}{C_2\overset{..}{H}_2\Theta}}\Big\}\Theta$	$\overset{H}{\underset{H}{}}\Big\}\Theta$	$\overset{C_4\overset{..}{H}_4\Theta_2}{\underset{H}{H}}\Big\}\Theta$	$\overset{\overset{..}{C\Theta}}{\underset{H}{}}\Big\}N$	$\overset{H}{\underset{H}{}}\Big\}N$

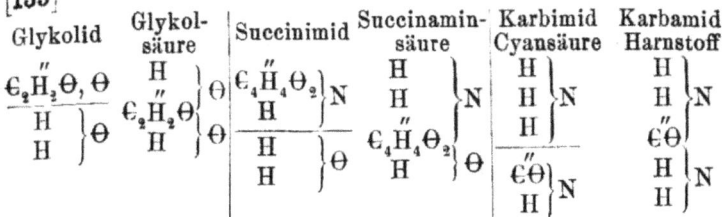

Das umgekehrte findet bei vielen Zersetzungen statt, z. B. bei Bildung der Anhydride zweibasischer Säuren, beim Zerfallen von Succinamid zu NH_3 und Succinimid. In beiden Fällen wird die Anzahl der Moleküle verändert und deshalb bei gasförmigen Körpern auch das Volumen.

In einer bei weitem größeren Anzahl von Metamorphosen bleibt die Anzahl der Moleküle dieselbe (bei Gasen dann auch das Volumen). Die Veränderung läßt sich dann auffassen, als habe das eine Molekül einen Teil seiner Bestandteile gegen Bestandteile des anderen ausgetauscht. Unter den Metamorphosen, die man gewöhnlich als:

3. Wechselseitige Zersetzung oder doppelter Austausch bezeichnet, müssen indes wesentlich zwei Arten unterschieden werden. Es ist zunächst einleuchtend, daß stets äquivalente Mengen ausgetauscht werden; also ein einatomiges Radikal gegen ein anderes einatomiges; ein zweiatomiges gegen ein anderes zweiatomiges oder aber gegen zwei einatomige usw. Findet dabei Austausch von gleichatomigen Radikalen gegeneinander statt, so bleibt die Anzahl der Moleküle ungeändert; wird dagegen ein zweiatomiges Radikal durch zwei einatomige ersetzt, so spaltet sich das vorher unteilbare Molekül, weil die Ursache des Zusammenhangs wegfällt, in zwei kleinere Moleküle; umgekehrt werden bisweilen, wenn an die Stelle von zwei einatomigen Radikalen ein zweiatomiges tritt, zwei vorher getrennte Moleküle zu einem unteilbaren Ganzen (zu einem Molekül) vereinigt. [140] Es ist unnötig, für solchen »doppelten Austausch« Beispiele anzuführen; eben so kann eine weitere Ausführung der Betrachtungen über das Zerfallen oder Vereinigtwerden durch Eintritt einatomiger Radikale an die Stelle von mehratomigen oder umgekehrt umgangen werden, da diese Betrachtung in derselben Weise, in welcher ich sie früher, gelegentlich der Thiacetsäure, mitteilte, von *Gerhardt* auf alle Körpergruppen ausgedehnt worden ist.

Hervorgehoben zu werden verdient nur noch, daß die Betrachtung solcher Metamorphosen als wechselseitiger Austausch
ein treffliches Mittel an die Hand gibt, um die Basizität der
Radikale (und der Elemente) zu erkennen.

Es läßt sich nicht leugnen, daß die Auffassung solcher
Metamorphosen als wechselseitiger Austausch wenigstens die
Beziehungen, in welchen die nach der Einwirkung vorhandenen Moleküle zu den vorher dagewesenen stehen, in möglichst
einfacher Weise ausdrückt. Sie ist aber, abgesehen von den
oben erwähnten Additionen, auch auf eine Anzahl anderer
Metamorphosen nicht anwendbar und gibt außerdem nicht
eigentlich eine Vorstellung von dem, was während der Reaktion
vor sich geht; kann vielmehr (namentlich bei den gebräuchlichen Ausdrücken: ein Radikal tritt aus, wird ersetzt usw.)
zu der offenbar irrigen Vorstellung Veranlassung geben, als
existirten die Radikale (und Atome) während des Austausches,
während sie gewissermaßen unterwegs sind, in freiem Zustand.

Die einfachste und auf alle chemischen Metamorphosen an-
wendbare Vorstellung ist folgende:

Wenn zwei Moleküle aufeinander einwirken, so ziehen sie
sich zunächst, vermöge der chemischen Affinität, an und lagern
sich aneinander; das Verhältnis zwischen den Affinitäten der
einzelnen Atome veranlaßt dann, daß Atome in stärksten Zusammenhang kommen, die vorher den verschie[141]denen Molekülen angehört hatten. Deshalb zerfällt die Gruppe, welche
nach einer Richtung geteilt sich aneinander gelagert hatte, jetzt,
indem Teilung nach anderer Richtung stattfindet*):

---

*) Man kann sich denken, daß dabei während der Annäherung
der Moleküle schon der Zusammenhang der Atome in denselben
gelockert wird, weil ein Teil der Verwandtschaftskraft durch die
Atome des anderen Moleküls gebunden wird, bis endlich die vorher vereinigten Atome ganz ihren Zusammenhang verlieren, und die
neu gebildeten Moleküle sich trennen. — Bei dieser Annahme gibt
die Auffassung eine gewisse Vorstellung von dem Vorgang bei
Massenwirkung und Katalyse. Gerade so nämlich, wie ein Molekül
eines Stoffes auf ein Molekül eines anderen einwirkt, so wirken auch
alle anderen in der Nähe befindlichen Moleküle: sie lockern den
Zusammenhang der Atome. Das nächstliegende Molekül wirkt am
stärksten und erleidet mit dem stofflich verschiedenen wechselseitige Zersetzung; die entfernter liegenden sind ihm dabei behilf-
lich; sie erleiden, während sie den Zusammenhang der Atome im
anderen Molekül lockern, selbst die gleiche Veränderung, sobald
aber die Zersetzung stattgefunden hat, gewinnen sie ihren früheren
Zusammenhang wieder. Massenwirkung und Katalyse unterscheiden

vor		während		nach	
a	b	a	b	a	b
a,	b,	a,	b	a,	b,

Vergleicht man dann das Produkt mit dem Material, so kann die Zersetzung als wechselseitiger Austausch aufgefaßt werden.

In der Mehrzahl der Fälle wird die Kraft, welche die Aneinanderlagerung der Moleküle veranlaßte, auch die Zersetzung hervorbringen; es ist indes denkbar, und es kommen Fälle der Art vor, daß die Affinität der den verschiedenen Molekülen zugehörenden Atome zwar die Anlagerung der [142] Moleküle, aber innerhalb derselben Bedingungen wenigstens nicht das Zerfallen der so entstandenen Atomgruppe zu zwei neuen Molekülen veranlaßt.

Von besonderem Interesse sind daher die Fälle, bei welchen das Zwischenstadium, die Aneinanderlagerung der Moleküle sich festhalten, durch willkürliche Veränderung der Bedingungen sich die Zersetzung aber doch zu Ende führen läßt. Wenn z. B. Chlorzink auf Alkohol einwirkt, so entsteht eine additionelle Verbindung; beim Erwärmen tritt dann die Zersetzung ein, die in den meisten Fällen direkt erfolgt.

Die früher besprochenen additionellen Verbindungen sind solche Aneinanderlagerungen zweier Moleküle, bei welchen innerhalb der gerade stattfindenden Bedingungen die Metamorphosen nur bis zu der, der eigentlichen Zersetzung vorausgehenden Aneinanderlagerung geht, also gewissermaßen unvollendet bleibt. Daß dies auch bei den additionellen Verbindungen der dem NH_3typ zugehörenden Substanzen der Fall ist, zeigt das von *Baeyer* vor kurzem entdeckte Verhalten der Arsenmethylverbindungen gegen Chlor. Das Kakodylchlorid addirt sich, indem es die für den Typ NH_3 charakteristische Reaktion zeigt, direkt zu Chlor; der gebildete (dem Typ NH_4Cl zugehörige) Körper zerfällt dann bei gelinder Hitze zu Chlormethyl und Arsenmonomethyldichlorid. Sieht man dabei von der Bildung des kristallisirbaren Kakodyltrichlorids ab, so erscheint die Zersetzung als doppelter Austausch; aber die

sich dieser Auffassung nach nur dadurch voneinander, daß bei Massenwirkung das katalytisch-wirkende Molekül gleichartig mit einem der sich zersetzenden, bei Katalyse dagegen stofflich verschieden von beiden ist.

vorher gebildete additionelle Verbindung kann in dem Fall noch mit verhältnismäßiger Leichtigkeit festgehalten werden. Das Arsenmonomethyldichlorid addirt sich ebenfalls wieder zu Chlor, aber die dabei erzeugte Verbindung ist so leicht zersetzbar, daß es der Anwendung eines Kältegemisches bedarf, um davon zu überzeugen, [**143**] daß dem sog. doppelten Austausch eine Addition vorausgeht*).

Man kann sich leicht davon überzeugen, daß diese Anschauung auf alle Metamorphosen anwendbar ist, die nur irgend als doppelter Austausch aufgefaßt werden können, z. B.:

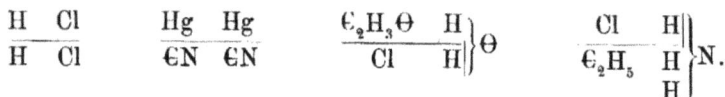

$$\frac{\text{H} \quad \text{Cl}}{\text{H} \quad \text{Cl}} \qquad \frac{\text{Hg} \quad \text{Hg}}{\text{CN} \quad \text{CN}} \qquad \left.\frac{\text{C}_2\text{H}_3\text{O} \quad \text{H}}{\text{Cl} \quad \text{H}}\right\}\text{O} \qquad \left.\frac{\text{Cl} \quad \left.\begin{matrix}\text{H}\end{matrix}\right|}{\text{C}_2\text{H}_5 \quad \left.\begin{matrix}\text{H}\\ \text{H}\end{matrix}\right\}}\right|\text{N}.$$

Sie läßt aber auch eine Anzahl von Reaktionen allen übrigen analog erscheinen, die man nicht wohl als doppelten Austausch betrachten kann. (Es sei denn, daß man die Hyperoxyde als des wechselseitigen Austausches fähige Radikale will gelten lassen, wozu sich die Chemiker bis jetzt nicht entschließen konnten, obgleich es *Laurent* oft als einfache Konsequenz verlangte.) Z. B.:

Bildung von Grubengas aus
essigs. Salz u. Kalihydrat

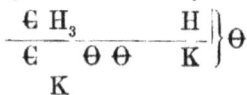

$$\left.\frac{\text{C} \; \text{H}_3 \qquad\qquad \text{H}}{\text{C} \qquad \text{O} \; \text{O} \qquad \text{K}}\right\}\text{O}$$
$$\text{K}$$

Bildung von Chloroform aus
trichloressigs. Salz u. Kalihydrat

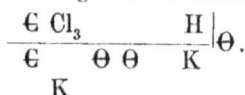

$$\left.\frac{\text{C} \; \text{Cl}_3 \qquad\qquad \text{H}}{\text{C} \qquad \text{O} \; \text{O} \qquad \text{K}}\right|\text{O}.$$
$$\text{K}$$

Ebenso die Bildung der Acetone, der intermediären Acetone und der Aldehyde:

---

*) Ein solches Zerfallen findet wahrscheinlich bei allen dem Typus $NH_3 + HCl$ zugehörenden Substanzen statt; wenigstens spricht die Dampfdichte des Salmiaks, des Phosphorsuperchlorids usw. dafür, daß diese Körper nicht unzersetzt flüchtig sind, daß ihr Dampf vielmehr ein Gemenge zweier Dämpfe ist, die bei Temperaturerniedrigung sich wieder vereinigen, wie dies für das Teträthylammoniumjodid z. B. mit Sicherheit nachgewiesen ist. (Dieselbe Ansicht ist im Märzhefte der Annalen, CV, 390 ff., besprochen worden; die vorliegende Abhandlung *Kekulé*s kam der Redaktion nach dem Schlusse des genannten Heftes, vor der Ausgabe desselben, zu. D. R.)

[144]

$$\text{Acetone} \qquad\qquad \text{Aldehyd}$$

$$\left.\frac{\mathsf{C}\ H_3 \qquad\quad \mathsf{C}_2 H_3 \Theta}{\mathsf{C}\quad \Theta\ \Theta\qquad K}\right\}\Theta \qquad\qquad \left.\frac{H \qquad\quad \mathsf{C}_2 H_3 \Theta}{\mathsf{C}\quad \Theta\ \Theta\qquad K}\right\}\Theta.$$
$$\quad K \qquad\qquad\qquad\qquad K$$

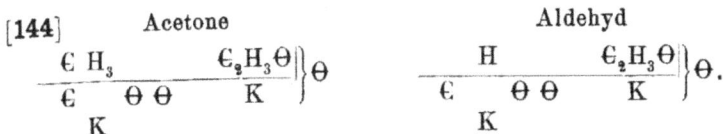

Auch die Bildung des Chlorpikrins*) bei Einwirkung von Salpetersäure auf Chloral gehört hierher und erscheint vollständig analog der Bildung des Chloroforms aus Chloral:

$$\text{Chloroform} \qquad\qquad \text{Chlorpikrin}$$

$$\left.\frac{\mathsf{C}\ Cl_3 \qquad\quad H}{\mathsf{C}\quad \Theta\qquad K}\right\}\Theta \qquad\qquad \left.\frac{\mathsf{C}\ Cl_3 \qquad\quad N\Theta_2}{\mathsf{C}\quad \Theta\qquad H}\right\}\Theta.$$
$$\quad H \qquad\qquad\qquad\qquad H$$

Sind die sich zersetzenden Moleküle komplizirter zusammengesetzt, so ist es möglich, daß solche Spaltungen gleichzeitig nach verschiedener Richtung vor sich gehen; so daß verschiedene Produkte gleichzeitig und alle primär auftreten, also nicht notwendig mehrere Reaktionen aufeinander folgen müssen.

Einwirkung der Schwefelsäure auf organische Verbindungen.

Die schwebende Streitfrage über die Konstitution und Bildung der sog. Sulfosäuren usw. läßt es zweckmäßig erscheinen, diejenigen Wirkungen der Schwefelsäure auf organische Substanzen, bei welchen sog. gepaarte Verbindungen entstehen, etwas genauer zu betrachten.

[145] Es lassen sich dabei wesentlich drei Fälle unterscheiden:

1. Mehrere Moleküle werden dadurch zu einem unteilbaren Molekül zusammengehalten, daß das zweiatomige Radikal der

---

*) Ich will bei der Gelegenheit mitteilen, daß das Chlorpikrin, von dem ich früher zeigte (CI, 212), daß es durch Destillation von Salpetersäure, Alkohol und Kochsalz erhalten wird, auch entsteht: 1. wenn flüssiges oder festes Chloral mit konzentrierter Salpetersäure oder mit einem Gemenge von Salpetersäure und Schwefelsäure destilliert wird, und 2. wenn man ein Gemenge von Holzgeist und Schwefelsäure über ein Gemenge von Salpeter und Kochsalz destilliert. Beide Bildungen charakterisieren das Chlorpikrin als einen Körper der Methylgruppe; nach der letzteren erscheint es als Methylchlorid, in welchem Wasserstoff durch Chlor und $N\Theta_2$ substituiert ist; nach der ersteren als nitrirtes Chloroform oder oder als Nitrid des dreifach-gechlorten Methyls.

Schwefelsäure sich so umlagert, daß die eine Hälfte desselben an die Stelle von ty pisch em Wasserstoff tritt. Dies ist der bei weitem häufigste Fall, es ist genau dieselbe Reaktion, welche die Bildung von Schwefelsäurehydrat aus Schwefelsäureanhydrid und Wasser oder die Bildung des Nordhäuser Vitriolöls aus Schwefelsäureanhydrid und -hydrat veranlaßt. Z. B.:

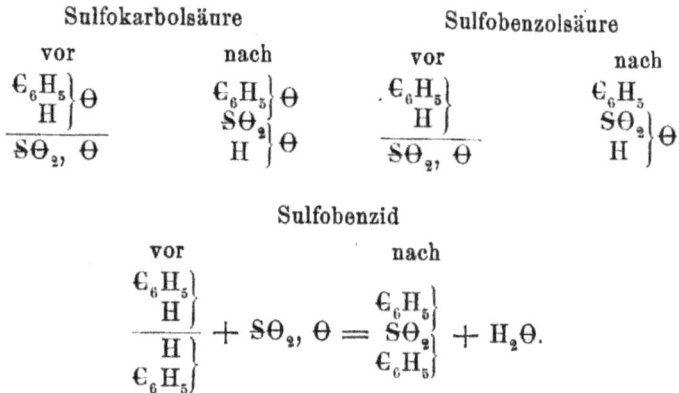

Sulfokarbolsäure		Sulfobenzolsäure	
vor	nach	vor	nach

$$
\begin{array}{ll}
\left.\begin{array}{l}C_6H_5\\H\end{array}\right\}\Theta \\ \hline S\Theta_2,\ \Theta
\end{array}
\qquad
\left.\begin{array}{l}C_6H_5\\S\Theta_2\\H\end{array}\right\}\begin{array}{l}\Theta\\ \\ \Theta\end{array}
\qquad
\begin{array}{l}.\left.\begin{array}{l}C_6H_5\\H\end{array}\right\} \\ \hline S\Theta_2,\ \Theta\end{array}
\qquad
\left.\begin{array}{l}C_6H_5\\S\Theta_2\\H\end{array}\right\}\Theta
$$

Sulfobenzid

vor   nach

$$
\left.\begin{array}{l}C_6H_5\\H\\ \hline H\\C_6H_5\end{array}\right\} + S\Theta_2,\ \Theta = \left.\begin{array}{l}C_6H_5\\S\Theta_2\\C_6H_5\end{array}\right\} + H_2\Theta.
$$

Hierher gehört, worauf ich früher schon aufmerksam machte (vgl. CIV, 149), auch die Bildung der Sulfosalicylsäure; ich habe also damals allerdings eine Analogie in dem Verhalten der Schwefelsäure zur Salicylsäure und zu den meisten übrigen organischen Substanzen nachgewiesen (vgl. CV, 186)*).

[**146**] 2. Verhältnismäßig selten sind bis jetzt die Fälle, bei welchen, bei der Umlagerung der Atome, die Hälfte des zweiatomigen Radikals $S\Theta_2$, statt an die Stelle des typischen Wasserstoffs zu treten, an die Stelle von 1 At. H des Radikals tritt; bei denen also der Angriff der Schwefelsäure auf die organische Substanz gewissermaßen von der anderen Seite erfolgt. Dahin gehört die Bildung der Isethionsäure, die der Sulfoessigsäure, der Sulfobenzoësäure usw.; z. B.:

---

*) Die Schlußstelle meiner früheren Mitteilung bezieht sich übrigens weit weniger auf die Ansichten über die Sulfosäuren, als, wie man aus dem Zusammenhang leicht sehen kann, auf die in neuerer Zeit öfter geäußerten Ansichten über die Amidsäuren einbasischer Säuren und einige andere amidartige Körper.

| Isethionsäure | | Sulfobenzoesäure | |
| vor | nach | vor | nach |

$$\left.\begin{array}{l}\overset{''}{S}\Theta_2,\ \Theta \\ \overline{\hspace{2em}H\hspace{2em}} \\ \overset{'}{\mathfrak{C}}_2H_4 \\ H \end{array}\right\}\Theta \qquad \left.\begin{array}{l}H \\ \overset{''}{S}\Theta_2 \\ \overset{''}{\mathfrak{C}}_2H_4 \\ H \end{array}\right\}\Theta \qquad \left.\begin{array}{l}\overset{''}{S}\Theta_2,\ \Theta \\ \overline{\hspace{2em}H\hspace{2em}} \\ \mathfrak{C}_6H_4\Theta \\ H \end{array}\right\}\Theta \qquad \left.\begin{array}{l}H \\ \overset{''}{S}\Theta_2 \\ \mathfrak{C}_6H_4\Theta \\ H \end{array}\right\}\Theta .$$

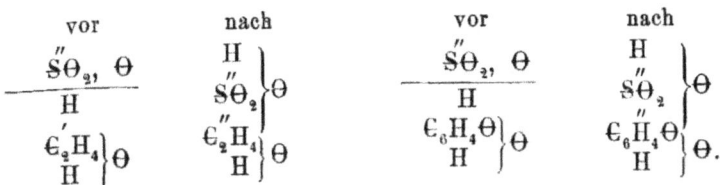

3. Bisweilen tritt bei Einwirkung von Schwefelsäure auf eine organische Säure Kohlensäure aus, z. B. bei der Bildung der Disulfosäuren von *Hofmann* und *Buckton* (oder auch Kohlenoxyd bei Bildung von *Walters* Sulfocamphorsäure).

Die Bildung der Disulfometholsäure kann z. B. aufgefaßt werden als ein Austausch des zweiatmigen $S\Theta_2$ gegen das zweiatomige $\mathfrak{C}\Theta$ der vorher gebildeten Sulfoessigsäure.

Sulfoessigsäure $+ \overset{''}{S}\Theta_2,\ \Theta$ gibt Disulfometholsäure $+ \overset{''}{\mathfrak{C}}\Theta,\ \Theta$

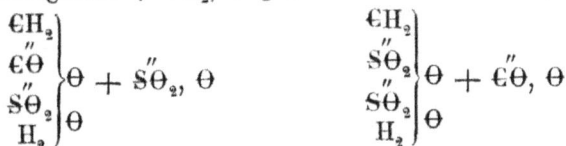

$$\left.\begin{array}{l}\mathfrak{C}H_2 \\ \overset{''}{\mathfrak{C}}\Theta \\ \overset{''}{S}\Theta_2 \\ H_2 \end{array}\right\}\begin{array}{l}\\ \Theta \\ \Theta \end{array} + \overset{''}{S}\Theta_2,\ \Theta \qquad \left.\begin{array}{l}\mathfrak{C}H_2 \\ \overset{''}{S}\Theta_2 \\ \overset{''}{S}\Theta_2 \\ H_2 \end{array}\right\}\begin{array}{l}\\ \Theta \\ \Theta \end{array} + \overset{''}{\mathfrak{C}}\Theta,\ \Theta$$

Radikale. Typen. Rationelle Formeln.

Aus den im vorhergehenden gegebenen Betrachtungen über den Vorgang chemischer Metamorphosen ist es klar, was ich damit sagen will: »ein Radikal ist der bei einer [147] bestimmten Reaktion gerade unangegriffen bleibende Rest.« Man sieht deutlich, daß: »je nachdem eine Zersetzung tiefer oder weniger tief eingreift, verschieden große Radikale angenommen werden können.« Die Bildung des Acetons namentlich ist von Interesse, insofern zwei gleichartige Moleküle ungleich große Reste dabei liefern. Da nun die Begriffe von Radikal und von Typus sich gegenseitig ergänzen, ist es schon daraus einleuchtend, daß dieselbe Substanz auch verschiedenen Typen zugezählt werden kann*).

---

*) Gegen diese von *Gerhardt* verteidigte Ansicht sind in neuester Zeit wiederholt Widersprüche erhoben worden, indem man namentlich die bemerkenswerten Resultate gegen sie aufführte, welche *Kopp* in seinen Untersuchungen über das spez. Volumen gewann. Man legt dabei den Typen eine andere Bedeutung bei, als sie

[**148**] Da außerdem der Angriff auf eine Atomgruppe bald von der einen, bald von der anderen Seite erfolgen kann, wird bisweilen ein Bestandteil als dem Radikal zugehörig betrachtet werden müssen, der bei anderen Reaktionen als dem Typus angehörig erscheint. Selbst die allereinfachsten Verbindungen zeigen ein solches wechselndes Verhalten und dann natürlich in höchst auffallender Weise. Alle Cyanverbindungen z. B. können bei gewissen Reaktionen als Verbindungen des Radikals Cyan = CN betrachtet werden; bei anderen Reaktionen (immer dann, wenn dem Stickstoff Gelegenheit geboten wird, NH_3 zu bilden) erscheinen sie als amidartige Verbindungen, d. h. als dem NH_3typ zugehörige Körper, in welchem H ersetzt ist durch irgend einen Rest; z. B.:

Blausäure	Cyanmethyl	Cyansäure	Harnstoff	Cyanamid	Cyan
Nitril der Ameisensäure	Nitril der Essigsäure	Imid der Kohlensäure	Amid der Kohlensäure	Amid des Imids der Kohlensäure	Nitril der Oxalsäure
$N, \overset{'''}{C}H$	$N, \overset{'''}{C}_2H_3$	$N_2 \begin{cases} \overset{''}{C}\Theta \\ H \end{cases}$	$N_2 \begin{cases} \overset{''}{C}\Theta \\ H_2 \\ H_2 \end{cases}$	$N_2 \begin{cases} C \\ H_2 \end{cases}$	$N_2, C_2*)$

eigentlich (nach *Gerhardt* usw.) haben; statt sie für Ausdrücke gewisser Beziehungen in den Metamorphosen zu betrachten, nimmt man sie für Darstellung der Gruppierung der Atome in der bestehenden Verbindung; man legt den rationellen Formeln wieder nahezu den Wert bei, den sie früher hatten, indem man sie für Konstitutionsformeln statt für Umsetzungsformeln gelten läßt. Es ist nun einleuchtend, daß die Art, wie die Atome aus der in Zerstörung begriffenen und sich umändernden Substanz austreten, unmöglich dafür beweisen kann, wie sie in der bestehenden und unverändert bleibenden Substanz gelagert sind. Obgleich es also gewiß für eine Aufgabe der Naturforschung gehalten werden muß, die Konstitution der Materie, also wenn man will die Lagerung der Atome zu ermitteln: so muß man zugeben, daß nicht das Studium der chemischen Metamorphosen, sondern vielmehr nur ein vergleichendes Studium der physikalischen Eigenschaften der bestehenden Verbindungen dazu die Mittel bieten kann. *Kopps* treffliche Untersuchungen werden dazu vielleicht Angriffspunkte abgeben; und es wird vielleicht möglich werden, für die chemischen Verbindungen »Konstitutionsformeln« aufstellen zu können, die dann natürlich unveränderlich sein müssen. Aber selbst wenn dies gelungen, sind verschiedene rationelle Formeln (Umsetzungsformeln) immer noch zulässig, weil ein, durch in bestimmter Weise gelagerte Atome erzeugtes Molekül, unter verschiedenen Bedingungen, in verschiedener Weise und an verschiedener Stelle sich spalten kann.

*) C äquivalent 4 H; C_2 äquivalent 6 H; vgl. weiter unten.

Betrachtet man die betreffenden Zersetzungen dieser Körper als »doppelten Austausch«, so sieht man ganz deutlich, daß die sog. Radikale gegen eine äquivalente Menge von Wasserstoff z. B. ausgetauscht werden. Bei der Einwirkung von Cyanmethyl auf Kalilauge z. B. tritt das dreiatomige Radikal C_2H_2 an die Stelle von 3 Atomen H, von welchen 1 dem Kalihydrat, 2 dem Wasser zugehörten; bei der Zersetzung des Harnstoffs tritt das zweiatomige Radikal CO an die Stelle von 2 Atomen H, welche 2 Molekülen Kalihydrat angehörten:

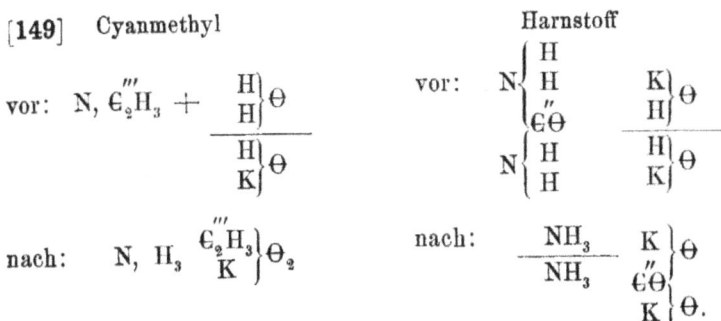

[149]   Cyanmethyl

Harnstoff

$$\text{vor:} \quad N, \overset{'''}{C_2}H_3 \; + \; \left.\begin{matrix}H\\H\end{matrix}\right\}O$$
$$\overline{\left.\begin{matrix}H\\K\end{matrix}\right\}O}$$

$$\text{vor:} \quad N\left\{\begin{matrix}H\\H\\\overset{''}{C}O\end{matrix}\right. \qquad \left.\begin{matrix}K\\H\end{matrix}\right\}O$$
$$N\left\{\begin{matrix}H\\H\end{matrix}\right. \qquad \overline{\left.\begin{matrix}H\\K\end{matrix}\right\}O}$$

$$\text{nach:} \quad N, \; H_3 \; \left.\begin{matrix}\overset{'''}{C_2}H_3\\K\end{matrix}\right\}O_2$$

$$\text{nach:} \quad \overline{\begin{matrix}NH_3\\NH_3\end{matrix}} \quad \left.\begin{matrix}K\\\overset{''}{C}O\end{matrix}\right\}O$$
$$\left.\begin{matrix}K\end{matrix}\right\}O.$$

Die rationellen Formeln sind Umsetzungsformeln und können, bei dem heutigen Stand der Wissenschaft, nichts anderes sein. Indem sie durch die Schreibweise die Atomgruppen andeuten, die bei gewissen Reaktionen unangegriffen bleiben (Radikale), oder die Bestandteile hervorheben, die bei gewissen oft wiederkehrenden Metamorphosen gerade eine Rolle spielen (Typen), sollen sie ein Bild geben von der chemischen Natur der Körper. Eine jede Formel also, welche gewisse Metamorphosen einer Verbindung ausdrückt, ist rationell; von den verschiedenen rationellen Formeln aber ist diejenige die rationellste, welche die größte Anzahl von Metamorphosen gleichzeitig ausdrückt.

Von den drei rationellen Formeln der Sulfobenzolsäure z. B.[4]):

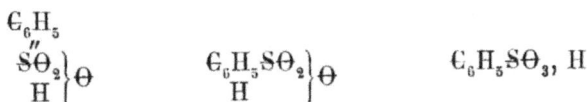

$$\left.\begin{matrix}\overset{''}{C_6}H_5\\SO_2\\H\end{matrix}\right\}O \qquad\qquad \left.\begin{matrix}C_6H_5SO_2\\H\end{matrix}\right\}O \qquad\qquad C_6H_5SO_3, H$$

bezeichnet die erste: 1. daß 1 Atom H leicht gegen Metalle ausgetauscht werden kann, 2. daß bei Einwirkung von PCl_5 Chlor an die Stelle des typischen O tritt, und dabei neben HCl das Chlorid $C_6H_5SO_2, Cl$ entsteht; sie bezeichnet 3., daß die Sulfobenzolsäure entstehen kann aus einer Phenyl- und einer Sulfurylverbindung; sie drückt also alle bekannten Metamorphosen dieser Säure aus und erinnert an ihre Beziehungen zum Benzol und zur Schwefelsäure. — Die [150] zweite drückt nur die Metamorphosen 1 und 2 aus, die dritte endlich (Wasserstoffsäurentheorie) bezeichnet nur die Salzzersetzungen und trägt allen übrigen Reaktionen keine Rechnung. Die erste ist also entschieden die umfassendste und deshalb rationellste. Die Vorteile, welche die Schreibweise der Formeln nach »intermediären Typen« gerade in der Beziehung bietet, treten (außer bei den Sulfosäuren) besonders deutlich hervor bei den komplizierter zusammengesetzten stickstoffhaltigen Körpern.

Die Formel einer Aminsäure zeigt z. B.:

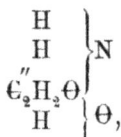

$$\left.\begin{matrix} H \\ H \\ \overset{''}{C_2}H_2\Theta \\ H \end{matrix}\right\} \begin{matrix} N \\ \\ \\ \Theta, \end{matrix}$$

indem sie dieselbe gleichzeitig dem Typ $H_2\Theta$ und NH_3 zuzählt, daß dieselbe sich einerseits wie ein Hydrat, andererseits wie ein Körper des NH_3typs verhalten, also direkt mit Säuren verbinden muß usw.

Die Formel des Oxamethans zeigt ebenso, daß dieser Körper von einer Seite aus betrachtet als Amid, von der anderen als Äther erscheint:

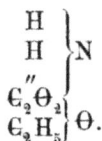

$$\left.\begin{matrix} H \\ H \\ \overset{''}{C_2}\Theta_2 \\ C_2H_5 \end{matrix}\right\} \begin{matrix} N \\ \\ \\ \Theta. \end{matrix}$$

Die zwei seither gebräuchlichen Formeln:

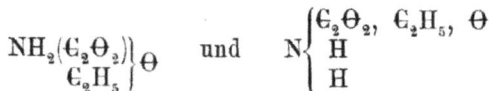

$$\left.\begin{matrix} NH_2(C_2\Theta_2) \\ C_2H_5 \end{matrix}\right\} \Theta \quad \text{und} \quad N\left\{\begin{matrix} C_2\Theta_2, & C_2H_5, & \Theta \\ H \\ H \end{matrix}\right.$$

von welchen die eine das Oxamethan als Äther der Oxaminsäure, die andere als Amid der Äthyloxalsäure darstellt, sind in der Tat nur zusammengezogene Ausdrücke dieser Formel von verschiedenen Gesichtspunkten aus. Beides sind rationelle Formeln, die für eine gewisse Klasse von Reaktionen [151] richtig sind; die Darstellung nach intermediären Typen

ist eine Vereinigung beider und gibt als solche das vollstän-
digste Bild.

Im allgemeinen wird immer die am weitesten auflösende
Formel die Natur eines Körpers am vollständigsten ausdrücken.
Wenn man also auch für gewöhnlich einer mehr empirischen
Formel, die gerade die am häufigsten vorkommenden Reaktionen
ausdrückt, den Vorzug gibt, so muß man doch zugeben, daß
die andere rationeller ist*).

Konstitution der Radikale.   Natur des Kohlenstoffs.

Es ist öfter hervorgehoben worden, daß die Radikale
nicht an sich enger geschlossene Atomgruppen, sondern nur
[152] Aneinanderlagerungen von Atomen sind, die in gewissen
Reaktionen sich nicht trennen, in anderen dagegen zerfallen.
Es ist von der Natur der aneinandergelagerten Atome und von
der Natur der einwirkenden Substanz abhängig, ob eine Atomgruppe gerade die Rolle eines sog. Radikals spielt, oder nicht;
ob sie ein mehr oder weniger beständiges Radikal ist.   Man
kann im allgemeinen sagen: je größer die Verschiedenheit in
der Natur der einzelnen Atome, um so leichter wird eine Atomgruppe, also auch ein Radikal zerfallen.

---

*) Für die Essigsäure gebraucht man z. B. allgemein die Formel
$\left.\substack{C_2\overset{'}{H}_3\Theta \\ H}\right\}\Theta$; der Bildung aus Acetonitril nach (und nach der Bildung der Ameisensäure aus Chloroform $\overset{'''}{C}H, Cl_3$) erhält sie die
Formel: $\left.\substack{\overset{'''}{C_2}H_3 \\ H}\right\}\Theta_2$ und wird dann vergleichbar mit der Metaphosphor-
säure.   Eine Anzahl von Zersetzungen endlich liefern Kohlensäure
oder eine andere Verbindung des Radikals $\overset{''}{C}\Theta$; die Essigsäure
kann danach betrachtet werden als (vgl. auch *Mendius* CIII, 80):

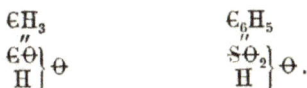

$$\substack{CH_3 \\ \overset{''}{C}\Theta \\ H}\Bigg\}\Theta \qquad\qquad \substack{C_6H_5 \\ \overset{''}{S}\Theta_2 \\ H}\Bigg\}\Theta .$$

Sie erscheint dann der Sulfobenzolsäure analog (als Karbomethyl-
säure). Die merkwürdige, in neuester Zeit von *Wanklyn* entdeckte
Bildung der Propionsäure bei Einwirkung von Kohlensäure auf
Natriumäthyl kann dann ganz in derselben Weise aufgefaßt werden, wie die Bildung der Sulfobenzolsäure aus Benzol und Schwefelsäureanhydrid.

Es ist unnötig, diese Betrachtungen weiter auszudehnen; ich will also nur an einem Beispiel zeigen, wie man sich diese Aneinanderlagerung der Atome vorstellen kann. Das Radikal der Schwefelsäure SO_2 enthält 3 Atome, von denen jedes zweiatomig ist, also 2 Verwandtschaftseinheiten repräsentirt. Bei der Aneinanderlagerung tritt je eine Verwandtschaftseinheit des einen Atoms mit einer des anderen in Verbindung. Von den 6 Verwandtschaftseinheiten werden also 4 verbraucht, um die 3 Atome selbst zusammenzuhalten; 2 bleiben übrig, und die Gruppe erscheint also zweiatomig; sie verbindet sich z. B. mit zwei Atomen eines einatomigen Elementes:

Radikal Sulfuryl   Chlorschwefelsäure[5]

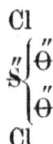

$$S\!\nnearrow\!\!\begin{cases} \overset{''}{\Theta} \\ \overset{''}{\Theta} \end{cases}$$

$$\begin{matrix} Cl \\ S\!\nnearrow\!\!\begin{cases} \overset{''}{\Theta} \\ \overset{''}{\Theta} \end{cases} \\ Cl \end{matrix}$$

Wirkt die Chlorschwefelsäure dann auf Wasser ein, so treten 2 HCl aus, die Reste bleiben vereinigt, und man kann das entstandene Produkt betrachten als 2 Moleküle $H_2\Theta$, in welchen 2 Atome H vertreten sind durch die Gruppe SO_2 *).

[153] In ähnlicher Weise kann man sich Zusammenlagerung der Atome in allen Radikalen vorstellen, auch in den kohlenstoffhaltigen. Dazu ist es nur nötig, daß man sich eine Vorstellung bildet über die Natur des Kohlenstoffs.

Betrachtet man nun die einfachsten Verbindungen des Kohlenstoffs (Grubengas, Methylchlorid, Chlorkohlenstoff, Chloroform, Kohlensäure, Phosgengas, Schwefelkohlenstoff, Blausäure usw.), so fällt es auf, daß die Menge Kohlenstoff, welche die Chemiker als geringst-mögliche, als Atom erkannt haben, stets 4 Atome eines einatomigen oder zwei Atome eines zweiatomigen Elements bindet; daß allgemein die Summe der chemischen Einheiten der mit einem Atom Kohlenstoff verbun-

---

*) Man sieht leicht, daß die Gruppe SO, die unter gewissen Umständen ebenfalls die Rolle eines Radikals spielt, auch zweiatomig [153] sein muß. Die schweflige Säure (als Hydrat), die nach der einen Ansicht dasselbe Radikal enthält, wie die Schwefelsäure, und dem intermediären Typus $H_2 + H_2\Theta$ zugehört, ist nach der anderen eine dem Typus $2\ H_2\Theta$ zugehörige Verbindung des Radikals SO. Beide Ausdrücke sind gewissermaßen synonym.

denen Elemente gleich 4 ist. Dies führt zu der Ansicht, daß der Kohlenstoff vieratomig (oder vierbasisch) ist*).

Der Kohlenstoff reiht sich demnach den drei früher besprochenen Gruppen von Elementen als bis jetzt einziger Repräsentant (die Verbindungen des Bors und Siliciums sind noch zu wenig bekannt) einer vierten Gruppe an. Seine einfachsten Kombinationen mit Elementen der drei anderen Gruppen sind:

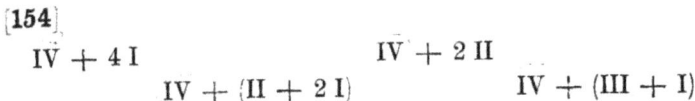

[154]

$$IV + 4\,I \qquad\qquad IV + 2\,II$$
$$IV + (II + 2\,I) \qquad\qquad IV + (III + I)$$

oder in Beispielen:

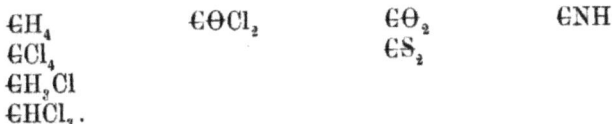

$$CH_4 \qquad\qquad COCl_2 \qquad\qquad CO_2 \qquad\qquad CNH$$
$$CCl_4 \qquad\qquad\qquad\qquad CS_2$$
$$CH_3Cl$$
$$CHCl_3 \;.$$

Für Substanzen, die mehrere Atome Kohlenstoff enthalten, muß man annehmen, daß ein Teil der Atome wenigstens ebenso durch die Affinität des Kohlenstoffs in der Verbindung gehalten werde, und daß die Kohlenstoffatome selbst sich aneinander lagern, wobei natürlich ein Teil der Affinität des einen gegen einen ebenso großen Teil der Affinität des anderen gebunden wird.

Der einfachste und deshalb wahrscheinlichste Fall einer solchen Aneinanderlagerung von zwei Kohlenstoffatomen ist nun der, daß eine Verwandtschaftseinheit des einen Atoms mit einer des anderen gebunden ist. Von den 2×4 Verwandtschaftseinheiten der 2 Kohlenstoffatome werden also zwei verbraucht, um die beiden Atome selbst zusammenzuhalten; es bleiben mithin 6 übrig, die durch Atome anderer Elemente gebunden werden können. Mit anderen Worten: eine Gruppe von 2 Atomen Kohlenstoff $= C_2$ wird sechsatomig sein, sie wird mit 6 Atomen eines einatomigen Elements eine Verbindung bilden, oder überhaupt mit so viel Atomen, daß die

---

*) Wenn man den Kohlenstoff als vieratomiges Radikal in die Typen einführt, so erhält man für einige der schon bekannten Verbindungen verhältnismäßig einfache Formeln. Es würde indes zu weit führen, darauf näher einzugehen.

Summe der chemischen Einheiten dieser = 6 ist. (Z. B. Äthylwasserstoff, Äthylchlorid, Elaylchlorid, $1^1/_2$ Chlorkohlenstoff, Acetonitril, Cyan, Aldehyd, Acetylchlorid, Glykolid usw.) Treten mehr als zwei Kohlenstoffatome in derselben Weise zusammen, so wird für jedes weiter hinzutretende die Basizität der Kohlenstoffgruppe um zwei Einheiten erhöht. Die Anzahl der mit n Atomen Kohlenstoff, welche in dieser [**155**] Weise aneinander gelagert sind, verbundenen Wasserstoffatome (chemische Einheiten) z. B. wird also ausgedrückt durch:

$$n \, (4 - 2) + 2 = 2\,n + 2.$$

Für n = 5 ist die Basizität also z. B. = 12 (Amylwasserstoff, Amylchlorid, Amylenchlorid, Valeronitril, Valeraldehyd, Valeryloxyd, Angelikasäure, Brenzweinsäureanhydrid usw.). Seither wurde angenommen, daß alle an den Kohlenstoff sich anlagernden Atome durch die Verwandtschaft des Kohlenstoffs gebunden werden. Man kann sich aber ebensogut denken, daß bei mehratomigen Elementen (Θ, N usw.) nur ein Teil der Verwandtschaft dieser, nur eine von den zwei Einheiten des Sauerstoffs z. B., oder nur eine von den drei Einheiten des Stickstoffs an den Kohlenstoff gebunden ist, so daß also von den zwei Verwandtschaftseinheiten des Sauerstoffs noch eine, von den drei Verwandtschaftseinheiten des Stickstoffs noch zwei übrig bleiben, die durch andere Elemente gebunden werden können. Diese anderen Elemente stehen also mit dem Kohlenstoff nur indirekt in Verbindung, was durch die typische Schreibweise der Formeln angedeutet wird:

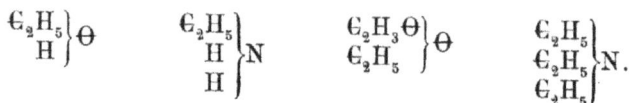

$$\left.\begin{array}{l}\mathrm{C_2H_5}\\\mathrm{H}\end{array}\right\}\Theta \qquad \left.\begin{array}{l}\mathrm{C_2H_5}\\\mathrm{H}\\\mathrm{H}\end{array}\right\}\mathrm{N} \qquad \left.\begin{array}{l}\mathrm{C_2H_3\Theta}\\\mathrm{C_2H_5}\end{array}\right\}\Theta \qquad \left.\begin{array}{l}\mathrm{C_2H_5}\\\mathrm{C_2H_5}\\\mathrm{C_2H_5}\end{array}\right\}\mathrm{N}.$$

Ebenso werden durch den Sauerstoff oder den Stickstoff verschiedene Kohlenstoffgruppen zusammengehalten.

Betrachtet man solche Verbindungen wesentlich in bezug auf diese sich so an die Kohlenstoffgruppe anlagernden Atome, so erscheint die Kohlenstoffgruppe als Radikal, und man sagt dann: das Radikal vertritt ein 1 Atom H des Typus, weil statt seiner 1 Atom H die Verwandtschaft des Θ oder N zu sättigen imstande wäre.

Vergleicht man die Verbindungen miteinander, welche gleichviel Kohlenstoffatome im Molekül enthalten und durch

[156] einfache Metamorphose auseinander entstehen können (z. B. Alkohol, Äthylchlorid, Aldehyd, Essigsäure, Glykolsäure, Oxalsäure usw.), so kommt man zu der Ansicht, daß sie die Kohlenstoffatome in derselben Weise gelagert enthalten, und daß nur die um das Kohlenstoffskelett sich anlagernden Atome wechseln.

Betrachtet man dagegen die homologen Körper, so kommt man zu der Ansicht, daß in ihnen die Kohlenstoffatome (gleichgültig wie viele in einem Molekül enthalten sind) auf dieselbe Weise, nach demselben Symmetriegesetz, aneinander gelagert sind. Bei tiefer eingreifenden Zersetzungen, bei welchen das Kohlenstoffskelett selbst angegriffen wird und in Bruchstücke zerfällt, zeigt dann jedes Bruchstück dieselbe Lagerung der Kohlenstoffatome, so daß jedes Bruchstück der Verbindung mit der angewandten Substanz homolog oder aus einem mit ihr homologen Körper durch einfache Metamorphose (z. B. Vertretung von Wasserstoff durch Sauerstoff) ableitbar ist.

Bei einer sehr großen Anzahl organischer Verbindungen kann eine solche »einfachste« Aneinanderlagerung der Kohlenstoffatome angenommen werden. Andere enthalten so viel Kohlenstoffatome im Molekül, daß für sie eine dichtere Aneinanderlagerung des Kohlenstoffs angenommen werden muß *).

Das Benzol z. B. und alle seine Abkömmlinge zeigt, ebenso wie die ihm homologen Kohlenwasserstoffe, einen solchen höheren Kohlenstoffgehalt, der diesen Körper charakteristisch von allen dem Äthyl verwandten Substanzen unterscheidet.

[157] Das Naphtalin enthält noch mehr Kohlenstoff. Man muß in ihm den Kohlenstoff in noch mehr verdichteter Form, d. h. die einzelnen Atome noch enger aneinander gelagert annehmen [6].

Vergleicht man diese kohlenstoffreicheren Kohlenwasserstoffe: das Benzol und seine Homologen und das Naphtalin, mit den Kohlenwasserstoffen der Alkoholgruppe (dem Elayl und seinen Homologen), mit welchen sie in vieler Beziehung Analogie zeigen:

---

*) Man kann sich leicht davon überzeugen, daß die Formeln dieser Verbindungen durch die »nächst einfachste« Aneinanderlagerung der Kohlenstoffatome konstruiert werden können.

Äthylen	Propylen	Butylen	Amylen
C_2H_4	C_3H_6	C_4H_8	C_5H_{10}
	Benzol	Toluol	Xylol
	C_6H_6	C_7H_8	C_8H_{10}
		Naphtalin	
		$C_{10}H_8$	—

Vergleicht man die Kohlenwasserstoffe der zweiten Reihe mit
denen der ersten, so findet man, daß sie bei gleichem Wasser-
stoffgehalt 3 Atome Kohlenstoff mehr enthalten. Zwischen
dem Naphtalin und dem Toluol findet dieselbe Beziehung statt.
Es scheint demnach, als ob sich hier dieselbe Art der dich-
teren Aneinanderlagerung der Kohlenstoffatome wiederholte, und
als ob es drei Klassen von kohlenstoffhaltigen Verbindungen
gäbe, die schon durch die Art der Lagerung der Kohlenstoffatome voneinander unterschieden sind[7]).

Prinzipien einer Klassifikation der organischen Verbindungen.

Aus den im vorhergehenden gegebenen Betrachtungen läßt
sich eine Klassifikation der Kohlenstoffverbindungen herleiten,
die ich zum Schluß noch mitteilen will, weil es mir, nach
längerem Gebrauch derselben, scheint, als gestatte sie eine verhältnismäßig übersichtliche Zusammenstellung der organischen
Verbindungen. Man wird diese Klassifikation, wie ich hoffe,
nicht allein übersichtlich, sondern, insofern sie [158] gerade
auf die wichtigsten Entdeckungen der letzten Jahre begründet
ist, auch zeitgemäß finden.

Ich teile dabei die organischen Verbindungen zunächst nach
dem Kohlenstoffgehalt in drei (eben erwähnte) Klassen und be-
nutze zur Gruppierung innerhalb dieser Klassen:

1. den Übergang einatomiger Radikale in mehratomige durch
   Austritt von Wasserstoff;

2. die Vertretung von Wasserstoff im Radikal durch Sauerstoff, und

3. die homologen Reihen.

Die folgende Tabelle, in welcher ich der Einfachheit wegen
die Radikale zusammenstelle, wird die Art dieser Systematik
klar machen:

Einatomige Radikale	Gruppe 1 C_nH_{2n+1}	Gruppe 2 $C_nH_{2n-1}O$	
	$C'H_3$	$C'HO$	
	$C_2'H_5$	$C_2'H_3O$	
	$C_3'H_7$	$C_3'H_5O$	
	$C_4'H_9$	$C_4'H_7O$	
Zweiatomige Radikale	Gruppe 3 C_nH_{2n}	Gruppe 4 $C_nH_{2n-2}O$	Gruppe 5 $C_nH_{2n-1}O_2$
	$C''H_2$	$C''O$	—
	$C_2''H_4$	C_2H_2O	$C_2''O_2$
	$C_3''H_6$	C_3H_4O	—
	$C_4''H_8$	—	$C_4\ddot{H}_4O_2$
Dreiatomige Radikale (auch einatomig)	Gruppe 6 C_nH_{2n-1}	Gruppe 7 $C_nH_{2n-3}O$	
	$C'''H$		
	$C_2'''H_3$		
	$C_3'''H_5$	$C_3'H_3O$	

[159] Die Gruppe

1. umfaßt die Alkohole und ihre Abkömmlinge;
2. die fetten Säuren usw.;
3. die Homologen des ölbildenden Gases, die Glykole usf.;
4. Kohlensäure, Glykolsäure, Milchsäure usw.;
5. Oxalsäure, Bernsteinsäure und die Homologen;
6. Chloroform, die Glycerine usw. und außerdem Allyl-alkohol usw;
7. Acroleïn, Acrylsäure und ihre Homologen usw.

Schließlich glaube ich noch hervorheben zu müssen, daß ich selbst auf Betrachtungen der Art nur untergeordneten

Wert lege. Da man indes in der Chemie bei dem gänzlichen Mangel exakt-wissenschaftlicher Prinzipien sich einstweilen mit Wahrscheinlichkeits- und Zweckmäßigkeitsvorstellungen begnügen muß, schien es geeignet, diese Betrachtungen mitzuteilen, weil sie, wie mir scheint, einen einfachen und ziemlich allgemeinen Ausdruck gerade für die neuesten Entdeckungen geben, und weil deshalb ihre Anwendung vielleicht das Auffinden neuer Tatsachen vermitteln kann.

Heidelberg, 16. März 1858.

Untersuchungen über aromatische Verbindungen.

Von

August Kekulé.

Annalen der Chemie und Pharmazie. CXXXVII. Bd., 2. Heft, S. 129—196.

(Hierzu eine Tafel.)

I. Über die Konstitution der aromatischen Verbindungen.

Vor einiger Zeit habe ich, an einem anderen Ort*), eine auf die Atomigkeit der Elemente begründete Hypothese über die Konstitution der aromatischen Verbindungen mitgeteilt[8]. Seitdem haben sowohl eigene Versuche, als Untersuchungen anderer, diese Hypothese insoweit bestätigt, daß ihr jetzt eine gewisse Wahrscheinlichkeit wohl nicht mehr abgesprochen werden kann, und ich halte es daher für geeignet, sie hier nochmals ihrem Hauptinhalte nach zusammenzustellen. Es scheint mir dies außerdem noch deshalb zweckmäßig, weil alle Versuche, die mich in der letzten Zeit beschäftigt haben, und von welchen ich einige in den nachfolgenden Abschnitten mitteilen will, durch diese theoretischen Ansichten veranlaßt und zum Zweck der experimentellen Prüfung dieser Ansichten ausgeführt worden sind.

[130] Die Theorie der Atomigkeit der Elemente und ganz besonders die Erkenntnis des Kohlenstoffs als vieratomiges Element haben es in den letzten Jahren möglich gemacht, die atomistische Konstitution sehr vieler Kohlenstoffverbindungen und namentlich aller derjenigen, die ich als »Fettkörper«

---

*) Société chimique de Paris, 27. Jan. 1865. (Bulletin de la soc. chim. 1865, I, 98.)

bezeichnet habe, in ziemlich befriedigender Weise zu erklären.
Man hat es bis jetzt, soweit ich weiß, nicht versucht, dieselben Ansichten auf die aromatischen Verbindungen anzuwenden. Ich hatte zwar schon früher, als ich vor jetzt sieben
Jahren meine Ansichten über die vieratomige Natur des Kohlenstoffs ausführlicher entwickelte, in einer Anmerkung*) angedeutet, daß ich mir schon damals eine Ansicht über diesen
Gegenstand gebildet hatte, aber ich hatte es nicht für geeignet
gehalten, diese Ansicht ausführlicher zu entwickeln. Die
meisten Chemiker, die seitdem über theoretische Fragen geschrieben haben, lassen diesen Gegenstand unberührt; einige
erklären geradezu, die Zusammensetzung der aromatischen Verbindungen könne nicht aus der Theorie der Atomigkeit hergeleitet werden; andere nehmen die Existenz einer, aus sechs
Atomen Kohlenstoff gebildeten, sechsatomigen Gruppe an, aber
sie suchen weder von der Verbindungsweise dieser Kohlenstoffatome, noch von dem Umstand Rechenschaft zu geben, daß
diese Gruppe sechs einatomige Atome zu binden vermag**).

[131] Ich will die Gründe hier nicht erörtern, die mich
bisher davon abhielten, meine Ansichten der Öffentlichkeit zu
übergeben; was mich jetzt zur Veröffentlichung antreibt, ist
der Umstand, daß sich in letzter Zeit viele Chemiker der

---

*) Annalen der Chemie und Pharmazie. CVI, 156.
**) Einzelne Chemiker scheinen der Ansicht zuzuneigen, das
Benzol und die mit ihm homologen Kohlenwasserstoffe leiteten sich
aus den in die Klasse der Fettkörper gehörigen Kohlenwasserstoffen
durch einfachen Austritt von Wasserstoff und dadurch veranlaßtes
Zusammenschieben der Kohlenstoffatome her. Ich kann diese Ansicht nicht teilen; ich glaube vielmehr, daß ein Kohlenwasserstoff
von der Formel C_6H_6, der sich vielleicht aus C_6H_{12} durch Wasser-
stoffentziehung wird darstellen lassen, oder der vielleicht durch die
unter Austritt von Wasserstoff erfolgende Ver[131]einigung von
2 Molekülen C_3H_6 oder C_3H_4 wird dargestellt werden können, mit
dem Benzol nur isomer, aber nicht identisch sein wird. Ich will zwar
die Möglichkeit einer solchen Bildung aromatischer Kohlenwasserstoffe aus in die Klasse der Fettkörper gehörigen Verbindungen
nicht bestreiten, aber ich glaube, es wird ein eigentümliches Zu-
sammentreffen von Umständen, oder eine ganz besonders scharf-
sinnig gewählte Reaktion dazu nötig sein, wenn gerade die Ver-
dichtung der Kohlenstoffatome hervorgebracht werden soll, welche
die aromatischen Verbindungen oder den ihnen gemeinsamen Kern
charakterisiert.

Ich erinnere hier daran, daß das mit dem Cumol isomere
Mesitylen bei Oxydation keine aromatische Verbindung liefert, wie
dies die Versuche von *Fittig* von neuem bestätigt haben[9].

Untersuchung aromatischer Substanzen zugewandt haben. Vielleicht können meine Ansichten und die aus ihnen sich herleitenden Konsequenzen bei manchen Untersuchungen zweckmäßige Fingerzeige abgeben; jedenfalls muß das Zusammenwirken vieler bald zeigen, ob sie tatsächlich begründet sind oder nicht, und ich setze die Wissenschaft nicht mehr, wie dies bei vorzeitiger Veröffentlichung hätte der Fall sein können, der Gefahr aus, eine Hypothese in sie einzuführen, die sich ihrer eleganten Form wegen vielleicht Eingang verschafft hätte, und die sich länger hätte erhalten können, als sie ihrem inneren Wert nach verdient.

Man wird die im folgenden gegebene Zusammenstellung jedenfalls in mancher Beziehung unvollständig finden; ich glaube indes, im Interesse des Lesers, mich darauf beschränken zu müssen, nur die Grundzüge dieser Theorie hier mitzuteilen, und ich werde namentlich in Aufzählung von Beispielen möglichst kurz sein. Ich überlasse es also gern anderen, diese Ansichten auf alle die Fälle anzuwenden, [132] welche für sie gerade spezielles Interesse haben; aber ich darf mir wohl die Bemerkung erlauben, daß ich, gelegentlich der Ausarbeitung des betreffenden Kapitels für mein Lehrbuch, diese Ansichten bereits auf alle aromatischen Substanzen angewandt habe.

Wenn man sich von der atomistischen Konstitution der aromatischen Verbindungen Rechenschaft geben will, so muß man zunächst wesentlich den folgenden Tatsachen Rechnung tragen:

1. Alle aromatischen Verbindungen, selbst die einfachsten, sind an Kohlenstoff verhältnismäßig reicher, als analoge Verbindungen aus der Klasse der Fettkörper.

2. Unter den aromatischen Verbindungen gibt es, ebenso wie unter den Fettkörpern, zahlreiche homologe Substanzen; d. h. solche, deren Zusammensetzungsdifferenz ausgedrückt werden kann durch: $n \cdot CH_2$.

3. Die einfachsten aromatischen Verbindungen enthalten mindestens sechs Atome Kohlenstoff.

4. Alle Umwandlungsprodukte aromatischer Substanzen zeigen eine gewisse Familienähnlichkeit, sie gehören sämtlich der Gruppe der »aromatischen Verbindungen« an. Bei tiefer eingreifenden Reaktionen wird zwar häufig ein Teil des Kohlenstoffs eliminirt, aber das Hauptprodukt enthält mindestens sechs Atome

Kohlenstoff (Benzol, Chinon, Chloranil, Karbolsäure, Oxyphensäure, Pikrinsäure usw.). Die Zersetzung hält bei Bildung dieser Produkte ein, wenn nicht vollständige Zerstörung der organischen Gruppe eintritt.

Diese Tatsachen berechtigen offenbar zu dem Schluß, daß in allen aromatischen Substanzen eine und dieselbe Atomgruppe, oder, wenn man will, ein gemeinschaftlicher Kern enthalten ist, der aus sechs Kohlenstoffatomen besteht. Innerhalb dieses Kerns sind die Kohlenstoffatome gewisser[133]maßen in engerer Verbindung oder in dichterer Aneinanderlagerung. An diesen Kern können sich dann weitere Kohlenstoffatome anlagern, und zwar in derselben Weise und nach denselben Gesetzen, wie dies bei den Fettkörpern der Fall ist.

Man muß sich also zunächst von der atomistischen Konstitution dieses Kerns Rechenschaft geben. Dies gelingt nun sehr leicht durch folgende Hypothese, die sich in so einfacher Weise aus der jetzt allgemein angenommenen Ansicht, der Kohlenstoff sei vieratomig, herleitet, daß eine ausführlichere Entwicklung kaum nötig ist.

Wenn sich mehrere Kohlenstoffatome miteinander verbinden, so kann dies zunächst so geschehen, daß sich je eine Verwandtschaftseinheit des einen Atoms gegen eine Verwandtschaftseinheit des benachbarten Atoms bindet. So erklärt sich, wie ich früher gezeigt habe, die Homologie und überhaupt die Konstitution aller Fettkörper.

Man kann nun weiter annehmen, daß sich mehrere Kohlenstoffatome so aneinanderreihen, daß sie sich stets durch je zwei Verwandtschaftseinheiten binden; man kann ferner annehmen, die Bindung erfolge abwechselnd durch je eine und durch je zwei Verwandtschaftseinheiten. Die erste und die letzte der erwähnten Ansichten könnten etwa durch die folgenden Perioden ausgedrückt werden:

$$\tfrac{1}{1}, \quad \tfrac{1}{1}, \quad \tfrac{1}{1}, \quad \tfrac{1}{1} \ \text{usw.,}$$
$$\tfrac{1}{1}, \quad \tfrac{2}{2}, \quad \tfrac{1}{1}, \quad \tfrac{2}{2} \ \text{usw.}$$

Das erste Symmetriegesetz der Aneinanderreihung der Kohlenstoffatome erklärt, wie eben erwähnt, die Konstitution der Fettkörper; das zweite führt zur Erklärung der Konstitution der aromatischen Substanzen oder wenigstens des Kerns, der allen diesen Substanzen gemeinsam ist.

Nimmt man nämlich an: sechs Kohlenstoffatome seien nach diesem Symmetriegesetz aneinandergereiht, so erhält man eine Gruppe, die, wenn man sie als offene Kette betrachtet, [134] noch acht nicht gesättigte Verwandtschaftseinheiten enthält (Tafel, Fig. 1). Macht man dann die weitere Annahme, die zwei Kohlenstoffatome, welche die Kette schließen, seien untereinander durch je eine Verwandtschaftseinheit gebunden, so hat man eine geschlossene Kette*) (einen symmetrischen Ring), die noch sechs freie Verwandtschaftseinheiten enthält (Tafel, Fig. 2)**).

Von dieser geschlossenen Kette nun leiten sich alle die Substanzen ab, die man gewöhnlich als »aromatische Verbindungen« bezeichnet. Die offene Kette findet sich im Chinon, im Chloranil und den wenigen Substanzen, die zu beiden in [135] naher Beziehung stehen. Ich lasse diese Körper hier ohne weitere Berücksichtigung; sie sind verhältnismäßig leicht zu deuten. Man sieht, daß sie zu den aromatischen Substanzen in naher Beziehung stehen, daß sie aber doch nicht eigentlich der Gruppe der aromatischen Substanzen zugezählt werden können.

---

*) In der Gruppe der Fettkörper könnte man die Kohlenwasserstoffe der Äthylenreihe als geschlossene Ketten betrachten. Es würde so verständlich, daß das Äthylen das Anfangsglied dieser Reihe ist, und daß der Kohlenwasserstoff CH_2 (Methylen) nicht existirt; denn es läßt sich nicht verstehen, daß zwei Affinitäten, die demselben Kohlenstoffatom angehören, sich miteinander sollten verbinden können.

**) Um die hier entwickelten Ansichten verständlicher zu machen, als es durch Worte allein geschehen kann, habe ich für viele der hier erwähnten Substanzen »graphische Formeln« auf der Tafel zusammengestellt. Die Ideen, welche durch diese Formeln ausgedrückt werden sollen, sind jetzt so weit bekannt, daß ich sie nicht nochmals zu erörtern brauche. Ich habe dieselbe Form graphischer Formeln beibehalten, deren ich mich 1859 bediente, als ich zum ersten Male meine Ansichten über die atomistische Konstitution der Moleküle ausführlicher entwickelte. Diese Form ist mit kaum bemerkenswerten Veränderungen von *Wurtz* angenommen worden (Leçons de philosophie chimique); sie scheint mir vor den neuerdings von *Loschmidt* und von *Crum Brown* vorgeschlagenen Modifikationen gewisse Vorzüge darzubieten. Zum Verständnis der Tabelle muß ich nur bemerken, daß ich die geschlossene Kette C_6A_6 in horizontaler Linie, also offen, dargestellt habe; die an den Endaffinitäten gezeichneten Striche deuten die Verwandtschaftseinheiten an, welche in gegenseitiger Bindung anzunehmen sind. Die Punkte der Formeln 1, 2 und 31, 32 bezeichnen noch ungesättigte Verwandtschaftseinheiten.

In allen aromatischen Substanzen kann also ein gemeinschaftlicher Kern angenommen werden; es ist dies die geschlossene Kette: C_6A_6 (worin A eine nicht gesättigte Affinität
oder Verwandtschaftseinheit bezeichnet).

Die sechs Verwandtschaftseinheiten dieses Kernes können
durch sechs einatomige Elemente gesättigt werden. Sie können
sich ferner, alle oder wenigstens zum Teil, durch je eine Affinität mehratomiger Elemente sättigen; diese letzteren müssen
aber dann notwendigerweise andere Atome mit in die Verbindung einführen und so eine oder mehrere Seitenketten
erzeugen, welche sich ihrerseits durch Anlagerung anderer Atome
noch verlängern können.

Ein Sättigen zweier Verwandtschaftseinheiten des Kernes
durch ein Atom eines zweiatomigen Elements oder ein Sättigen dreier Verwandtschaftseinheiten durch ein Atom eines
dreiatomiges Elements ist der Theorie nach nicht möglich.
Verbindungen von der Molekularformel: C_6H_4O, C_6H_4S, C_6H_3N
sind also nicht denkbar; wenn Körper von dieser Zusammensetzung existiren, und wenn die Theorie richtig ist, so müssen
die Formeln der beiden ersten verdoppelt, die der dritten ver-
dreifacht werden*).

[**136**] Die Konstitution sämtlicher aromatischen Substanzen
ergibt sich nun leicht, wenn man die verschiedenen Arten der
Sättigung der sechs Verwandtschaftseinheiten des Kernes C_6A_6
näher ins Auge faßt.

I. Einatomige Elemente.

Wenn die sechs Verwandtschaftseinheiten des Kernes durch
Wasserstoff gesättigt sind, so hat man das Benzol. In ihm
kann der Wasserstoff ganz oder teilweise durch Chlor, Brom
oder Jod vertreten werden (Tafel, Fig. 3, 4 und 5).

Nimmt man vorläufig an, die sechs Wasserstoffatome des
Benzols, oder die Plätze des Kernes C_6A_6, welche im Benzol

---

*) Ich erinnere übrigens an die Verbindung: C_6H_4O, welche
Limpricht neben Phenol bei trockener Destillation des Salicylsäure-
anhydrids erhielt. Die Molekularformel dieser Substanz ist offenbar:

136]
$$C_{12}H_8O_2 = \left.\begin{array}{c} C_6H_4 \\ C_6H_4 \end{array}\right\} OO.$$

Ihre Bildung erklärt sich wohl durch die Gleichung:
$$2C_{14}H_{10}O_5 = C_{12}H_8O_2 + 2C_6H_6O + 2CO_2 + 2CO.$$

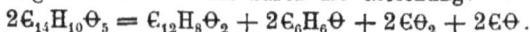

durch Wasserstoff eingenommen werden, seien gleichwertig*)
(eine Annahme, die im folgenden Abschnitt dieser Mitteilungen
näher besprochen werden soll), so ist, der Theorie nach, für
das Monochlorbenzol und für das Pentachlorbenzol nur eine
Modifikation möglich; das Bi-, Tri- und Tetrachlorbenzol dagegen können in verschiedenen (in drei) isomeren Modifikationen
existiren.

In diesen Substitutionsprodukten befindet sich das Chlor in
sehr inniger Verbindung mit dem Kohlenstoff, es ist sozusagen
von Kohlenstoff umgeben; dies erklärt die bemerkenswerte
Beständigkeit dieser Verbindungen, die durch neue, im zweiten
Abschnitt dieser Mitteilungen besprochene Versuche über Jodbenzol nochmals bestätigt worden ist.

II. Zweiatomige Elemente.

Wenn sich Sauerstoff (oder ein anderes zweiatomiges
Element) an den Kohlenstoffkern C_6 anlagert, so wird jedes
[137] Sauerstoffatom nur durch eine seiner beiden Verwandtschaftseinheiten gebunden, es muß also mindestens noch ein
einatomiges Element, z. B. Wasserstoff, mit in die Verbindung
einführen. Man hat so (Tafel, Fig. 6, 7 und 8):

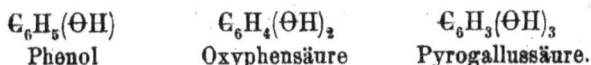

$$C_6H_5(OH) \qquad C_6H_4(OH)_2 \qquad C_6H_3(OH)_3$$
$$\text{Phenol} \qquad \text{Oxyphensäure} \qquad \text{Pyrogallussäure.}$$

Diese Substanzen können also als Substitutionsprodukte des
Benzols angesehen werden; als Benzol, in welchem Wasserstoff
durch Hydroxyl ersetzt ist. Man könnte sie andererseits dem
einfachen, verdoppelten und verdreifachten Wassertyp zurechnen
und durch typische Formeln darstellen:

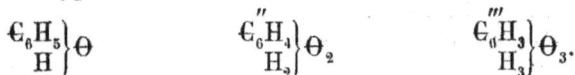

$$\left.{C_6H_5 \atop H}\right\}O \qquad \left.{C_6''H_4 \atop H_2}\right\}O_2 \qquad \left.{C_6'''H_3 \atop H_3}\right\}O_3.$$

Man sieht indessen leicht, daß zwischen diesen Substanzen
und den wahren Alkoholen aus der Klasse der Fettkörper
genau derselbe Unterschied stattfinden muß, wie zwischen den
Chlor- oder Bromsubstitutionsprodukten des Benzols und den
Chloriden oder Bromiden der Alkoholradikale**); und man

---

*) Dieselbe Annahme ist der Einfachheit wegen bei allen fol-
genden Betrachtungen beibehalten.
**) Vgl. auch die Anmerkung **) auf S. 36.

kann sich kaum darüber wundern, daß die »Phenole« (und ihre Ätherarten) eine weit größere Beständigkeit zeigen, als die wahren Alkohole.

Durch Einwirkung geeigneter Reagenzien (PCl$_5$, PBr$_5$) kann die Gruppe ΘH durch Chlor oder Brom ersetzt werden; aus dem Phenol erhält man Körper, welche bei typischer Betrachtung als Phenylchlorid und Phenylbromid angesehen werden können; sie sind identisch mit den aus Benzol durch Substitution entstehenden Derivaten: Monochlorbenzol und Monobrombenzol.

Wie in dem Benzol selbst, so kann auch in seinem Hydroxylderivat, dem Phenol, der direkt an Kohlenstoff gebundene Wasserstoff durch Chlor, Brom oder Jod vertreten [138] werden.. Diese Substitutionsprodukte zeigen noch bis zu einem gewissen Grade die für die Substitutionsprodukte des Benzols charakteristische Beständigkeit; das Monobromphenol und das Monojodphenol können indes, wie Dr. *Körner* [*]) gefunden hat, in Oxyphensäure übergeführt werden[**]). Behandelt man die

---

[*]) Vgl. Dr. *Körner*s Abhandlung in Ann. d. Chem. u. Pharm. CXXXVII. Bd., 2. Heft.

[**]) Die mehr oder weniger große Beständigkeit der chlor- oder bromhaltigen Kohlenstoffverbindungen wird wesentlich, aber nicht ausschließlich, bedingt durch die Stellung, welche das Chlor in bezug auf die Kohlenstoffatome einnimmt. Ist das Chlor nur indirekt an Kohlenstoff gebunden, so ist die Verbindung ausnehmend zersetzbar (essigsaures Chlor usw.); steht es dagegen mit dem Kohlenstoff in direkter Verbindung, so ist die Substanz beständiger. Sie zeigt dann verhältnismäßig leicht doppelte Zersetzung, wenn das Chlor durch eine die Kohlenstoffkette abschließende Affinität gebunden wird, wie dies in den wahren Chloriden der Fall ist. Die Chloride der Alkoholradikale sind beständiger wie die der Säureradikale, weil in den ersteren der Wasserstoff die Anziehung der dem Chlor benachbarten Kohlenstoffatome unterstützt, während der Sauerstoff der Säureradikale diese Anziehung im Gegenteil abschwächt.

Befindet sich das Chlor sozusagen im Inneren einer Kohlenstoffkette, also unter dem Einfluß mehrerer Kohlenstoffatome (Substitutionsprodukte), so gewinnt die Verbindung an Beständigkeit, und diese Beständigkeit wird ungemein groß, wenn sich das Chlor, wie dies bei den Substitutionsprodukten der aromatischen Substanzen und namentlich des Benzols der Fall ist, in der Anziehungssphäre einer verhältnismäßig großen Anzahl von Kohlenstoffatomen befindet. Bei Substanzen dieser Art muß sich aber der Einfluß etwa vorhandenen Sauerstoffs immer noch geltend machen, und daher kommt es wohl, daß das Monobromphenol und das Monojodphenol in Bedingungen zersetzt werden, unter welchen das Monobrombenzol und das Monojodbenzol noch unverändert bleiben.

Bromsubstitutionsprodukte des Phenols mit Bromphosphor, so entstehen Bromsubstitutionsprodukte des Benzols (Dr. *Körner*, Dr. *Mayer*)*).

[139]   III. Dreiatomige Elemente.

Die Konstitution der vom Benzol sich ableitenden Stickstoffbasen ist leicht verständlich. Jedes an den Kohlenstoffkern sich anlagernde Stickstoffatom wird nur durch eine seiner drei Verwandtschaftseinheiten gebunden und muß also noch zwei Wasserstoffatome in die Verbindung einführen. Man hat (Tafel, Fig. 9, 10 und 11):

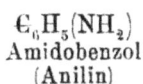

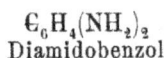

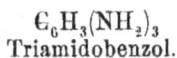

$C_6H_5(NH_2)$ $C_6H_4(NH_2)_2$ $C_6H_3(NH_2)_3$
Amidobenzol   Diamidobenzol   Triamidobenzol.
(Anilin)

Man sieht leicht, daß diese Basen zum Äthylamin und Äthylendiamin in ganz derselben Beziehung stehen, wie die Chlorsubstitutionsprodukte des Benzols zu den Chloriden der Alkoholradikale; und es wäre daher den Analogien vielleicht angemessener, diese Basen nicht dem Ammoniaktypus zuzuzählen, sondern sie vielmehr als Amidosubstitutionsderivate des Benzols zu betrachten, wie dies *Grieß* schon vor längerer Zeit vorgeschlagen hat. Es ist hier nicht am Platz, die Vorteile dieser Auffassung näher zu entwickeln; ich will nur erwähnen, daß sie gewisse Eigenschaften des Anilins, die für das Äthylamin und verwandte Basen bis jetzt nicht beobachtet werden konnten, in verhältnismäßig einfacher Weise deutet, wie ich dies bei einer anderen Gelegenheit zeigen werde.

Die Nitroderivate des Benzols bieten der Erklärung eine gewisse Schwierigkeit. Man kann offenbar nicht annehmen, die Gruppe NO_2 sei durch eine dem Sauerstoff angehörige Verwandtschaft an den Kohlenstoff gebunden; die Umwandlung der Nitroderivate in Amidoderivate widersetzt sich dieser Auffassung. Wenn man nun außerdem nicht annehmen will, der Stickstoff sei fünfatomig, wie dies zwar von vielen Chemikern in neuerer Zeit geschieht, wozu ich mich aber trotzdem (gestützt auf zahlreiche Argumente, die ich gele[140]gentlich zusammenzustellen beabsichtige) bis jetzt nicht entschließen kann, so muß man sich außerdem noch von der Konstitution der

---

*) Vgl. die Abhandlungen dieser Chemiker in den Ann. d. Chem. u. Pharm. CXXXVII., 2. Heft.

Gruppe $N\Theta_2$ Rechenschaft geben. Ich mache mir davon folgende Vorstellung: wenn zwei Sauerstoffatome sich durch je eine Verwandtschaftseinheit mit dem dreiatomigen Stickstoff vereinigen, während die beiden noch übrigen Verwandtschaftseinheiten der zwei Sauerstoffatome sich untereinander binden, so entsteht eine einäquivalente Gruppe, in welcher noch eine der drei Verwandtschaftseinheiten des dreiatomigen Stickstoffs ungesättigt ist *). Dieselbe Betrachtung kann natürlich auch auf einige unorganische Stickstoffverbindungen angewandt werden, und ich leugne nicht, sie scheint mir für den Augenblick gewisse Vorzüge darzubieten.

IV. Vieratomige Elemente.

Diejenigen Benzolderivate, in welchen eine oder mehrere Verwandtschaftseinheiten des Kernes $\mathfrak{C}_6$ durch Kohlenstoff gesättigt sind, verdienen eine ausführlichere Betrachtung.

1. **Homologe des Benzols.** — Jedes Kohlenstoffatom, welches sich an den Kern $\mathfrak{C}_6$ anlagert, bringt drei Wasserstoffatome mit in die Verbindung. Die so entstehenden Substanzen können als Methylderivate des Benzols angesehen werden. Es sind dies die schon seit lange aus dem Steinkohlenteer oder aus anderen Produkten der trockenen Destillation abgeschiedenen Kohlenwasserstoffe: Toluol, Xylol und Cumol (Tafel, Fig. 12, 13, 14).

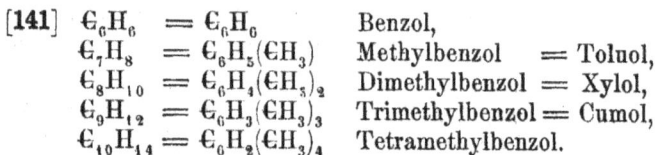

[141] $\quad \mathfrak{C}_6H_6 \;=\; \mathfrak{C}_6H_6$ \qquad Benzol,

$\mathfrak{C}_7H_8 \;=\; \mathfrak{C}_6H_5(\mathfrak{C}H_3)$ \qquad Methylbenzol $\;=\;$ Toluol,

$\mathfrak{C}_8H_{10} \;=\; \mathfrak{C}_6H_4(\mathfrak{C}H_3)_2$ \qquad Dimethylbenzol $=$ Xylol,

$\mathfrak{C}_9H_{12} \;=\; \mathfrak{C}_6H_3(\mathfrak{C}H_3)_3$ \qquad Trimethylbenzol $=$ Cumol,

$\mathfrak{C}_{10}H_{14} \;=\; \mathfrak{C}_6H_2(\mathfrak{C}H_3)_4$ \qquad Tetramethylbenzol.

Die schönen Untersuchungen von *Fittig* lassen keinen Zweifel mehr über die Konstitution dieser Kohlenwasserstoffe.

Es ist einleuchtend, daß für diese Methylderivate des Benzols dieselben Betrachtungen gültig sind, die weiter oben für die Chlorsubstitutionsprodukte mitgeteilt wurden. Der Theorie nach ist nur ein Benzol und nur eine Modifikation des Methylbenzols möglich; für die drei folgenden Glieder dagegen sind

---

*) Die graphischen Formeln auf der Tafel, Fig. 31 und 32 drücken diese Darstellung vielleicht noch deutlicher aus. In Fig. 32 sind durch Linien (—) diejenigen Affinitäten angedeutet, die in gegenseitiger Bindung anzunehmen sind.

je drei isomere Modifikationen denkbar, deren Verschiedenheit durch die relative Stellung der Seitenketten veranlaßt wird.

Eine zweite Kategorie isomerer Modifikationen ergibt sich ebenfalls aus der Theorie. Es kann vorkommen, daß die Seitenkette (Methyl) sich verlängert, indem sich an das erste Kohlenstoffatom ein zweites oder selbst mehrere anlagern. Hierher gehört z. B. das von *Fittig* und *Tollens* synthetisch dargestellte Äthylbenzol; es ist isomer mit dem Dimethylbenzol (Xylol aus Steinkohlenteer):

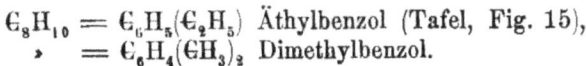

$$\mathrm{C_8H_{10}} = \mathrm{C_6H_5(C_2H_5)} \text{ Äthylbenzol (Tafel, Fig. 15),}$$
$$\text{»} = \mathrm{C_6H_4(CH_3)_2} \text{ Dimethylbenzol.}$$

Hierher gehören außerdem das Cumol aus Cuminsäure und das Cymol aus Römisch-Kümmelöl. Das erstere muß als Propylbenzol, das zweite als Propylmethylbenzol angesehen werden*);

---

*) Es ergibt sich dies wesentlich aus folgenden Betrachtungen. Das Cumol liefert bei Oxydation Benzoesäure, es enthält also wie diese nur eine Seitenkette (vgl. Nr. 8 Oxydationsprodukte, S. 48); das Cymol erzeugt bei Einwirkung oxydirender Reagenzien entweder Toluylsäure oder Terephthalsäure, es enthält also zwei Seitenketten. Berücksichtigt man dann weiter, daß es leicht aus Cuminaldehyd erhalten wird, und daß in diesem, wie in der Cuminsäure, schon des Zerfallens in Kohlensäure und Cumol wegen, zwei Seitenketten anzunehmen sind, von welchen die eine Propyl ist, so kommt man zu der Ansicht, das Cymol sei Propylmethylbenzol. Diese Ansicht findet eine weitere Stütze in den Siedepunkten, aus welchem wenigstens mit ziemlicher Sicherheit hervorgeht, daß die betreffenden beiden Kohlenwasserstoffe nicht polymethylirte Benzole sind. Für die Siedepunkte der mit dem Benzol in verschiedener Weise homologen Kohlenwasserstoffe scheint nämlich, so weit sich dies nach den wenigen Bestimmungen, die für sicher gehalten werden können, beurteilen läßt, ein eigentümliches Gesetz stattzufinden, welches leicht durch folgende Tabelle verständlich wird:

Geschlossene Kette	1 Atom Wasserstoff ersetzt	2 Atome Wasserstoff ersetzt	3 Atome Wasserstoff ersetzt
$\mathrm{C_6H_6}$ . . . 82° Benzol	$\mathrm{C_6H_5(CH_3)}$ 111° Toluol	$\mathrm{C_6H_4(CH_3)_2}$ . . . 139° Xylol	$\mathrm{C_6H_3(CH_3)_3}$ 166° Cumol (aus Teer)
	$\mathrm{C_6H_5(C_2H_5)}$ 133° Äthylbenzol (synth.)	$\mathrm{C_6H_4(CH_3)(C_2H_5)}$ 159° Äthylmethylbenzol (synth.)	
	$\mathrm{C_6H_5(C_3H_7)}$ 154° Cumol (aus Cuminsäure)	$\mathrm{C_6H_4)(CH_3)(C_3H_7)}$ 177° Cymol(ausRömisch-Kümmelöl)	
	$\mathrm{C_6H_5(C_5H_{11})}$ 195° Amylbenzol (synth.)		

das erstere ist mit Trimethylbenzol, das zweite mit Tetramethylbenzol isomer:

[142]

$$\mathrm{C_9H_{12}} = \mathrm{C_6H_5(C_3H_7)} \qquad \text{Propylbenzol (Cumol aus Cuminsäure)},$$
$$\text{»} \quad = \mathrm{C_6H_3(CH_3)_3} \qquad \text{Trimethylbenzol (Cumol aus Teer)},$$
$$\mathrm{C_{10}H_{14}} = \mathrm{C_6H_4(C_3H_7)(CH_3)} \quad \text{Propylmethylbenzol (Cymol)},$$
$$\text{»} \quad = \mathrm{C_6H_2(CH_3)_4} \qquad \text{Tetramethylbenzol}.$$

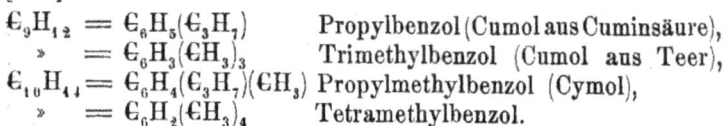

[143] Man sieht leicht, daß das Dimethylbenzol zum Äthylbenzol in ähnlicher Beziehung steht, wie das Dimethylamin zum Äthylamin, und man kann sich daher nicht darüber wundern, daß beide Körper selbst in ihren physikalischen Eigenschaften, z. B. den Siedepunkten, verschieden sind.

Man sieht außerdem, daß die Kohlenwasserstoffe der Reihe $\mathrm{C_nH_{2n-6}}$ [oder rationeller: $\mathrm{C_6H_{6-m}(C_nH_{2n+1})_m}$] in zweierlei Weise mit dem Benzol homolog sein können. Die Homologie kann entweder auf Vermehrung der Seitenketten oder auf Verlängerung einer gleichbleibenden Anzahl von Seitenketten beruhen. Ob man nun aber die durch Vermehrung der Seitenketten oder die durch Verlängerung einer Seitenkette entstehenden Derivate als die »wahren« oder »eigentlichen« Homologe des Benzols bezeichnen soll, scheint mir eine müßige Frage; sicher scheint mir nur, daß in bezug auf atomistische Konstitution die durch Verlängerung einer Seitenkette entstehenden Kohlenwasserstoffe untereinander in derselben Beziehung stehen, wie diejenigen Substanzen aus der Klasse der Fettkörper, die man gewöhnlich als homolog bezeichnet*).

Diese Siedepunktsregelmäßigkeiten lassen sich, wenn sie anders durch weitere Versuche bestätigt werden, in folgender Weise ausdrücken:

[143] 1. Jedes in das Benzol eintretende Methyl erhöht den Siedepunkt um etwa 28 bis 29°.

2. Verlängerung der Seitenkette um $\mathrm{CH_2}$ bewirkt, wie bei vielen homologen Verbindungen aus der Klasse der Fettkörper, eine Siedepunktserhöhung von annähernd 19°.

*) Es mag gestattet sein, hier ein paar Bemerkungen über die Isomerie der Alkohole und über die wahrscheinliche Konstitution der verschiedenen Arten von Pseudoalkoholen anzuknüpfen, die in der letzten Zeit die Aufmerksamkeit der Chemiker in so hohem Grade in Anspruch genommen haben.

Für die normalen Alkohole kann man wohl kaum von der Existenz eines Alkoholradikals im anderen sprechen. Der Propylalkohol z. B. ist weder methylirter Äthylalkohol, noch äthylirter

[144] 2. Chlorsubstitutionsprodukte der mit dem

Methylalkohol, noch dimethylirter Methylalkohol. Die eine dieser Auffassungen hat genau ebenso viel Berechtigung wie [144] die andere, es ist eben der normale Alkohol von 3 Atomen Kohlenstoff, d. h. Tritylalkohol [10]).

Die Theorie der Atomigkeit deutet übrigens eine Kategorie von Alkoholen an, deren Konstitution durch die eben benutzten Namen ausgedrückt werden könnte; es sind dies gerade die Pseudoalkohole, deren Existenz *Kolbes* Scharfsinn schon vor längerer Zeit vorausgesehen hat. Die Verschiedenheit, die zwischen der Konstitution dieser Pseudoalkohole und der der normalen Alkohole stattfindet, ist wohl aus der Tafel, Fig. 27 und 28 hinlänglich verständlich.

Mit diesen Pseudoalkoholen darf übrigens eine andere Kategorie isomerer Alkohole nicht verwechselt werden; die nämlich, die bei Reduktion der Acetone gebildet werden, und die offenbar zu den Acetonen selbst in naher Beziehung stehen (Tafel, Fig. 29, 30).

Von beiden Arten von Pseudoalkoholen sind außerdem die additionellen Alkohole von *Wurtz* zu unterscheiden. Sie gehören einer ganz anderen Gattung von Isomerie an. Ich betrachte sie, mit *Wurtz*, als Aneinanderlagerungen zweier Atomsysteme, die sich zwar zu einem komplizirteren System vereinigen, aber dabei immer noch eine gewisse Individualität beibehalten; so, daß die Atome im komplizirteren Molekül sich nicht in ihrer wahren Gleichgewichtslage befinden, wie dies bei den normalen Alkoholen der Fall ist.

Ganz ähnliche Isomerien sind natürlich auch für die fetten Säuren denkbar, und es gehören hierher offenbar jene Säuren, deren merkwürdige synthetische Bildung *Frankland* und *Duppa* vor kurzem kennen gelehrt haben.

Die Isomerie der gewöhnlichen Alkohole mit den von *Kolbe* angedeuteten Pseudoalkoholen, für die man gewissermaßen eine Ineinanderschachtelung der Radikale annehmen kann, hat eine große Ähnlichkeit mit der Isomerie der höheren Homologen des Benzols. In der homologen Reihe der gewöhnlichen Alkohole verlängert sich die Hauptkette, bei den Pseudoalkoholen dagegen legen sich andere Alkoholradikale als Seitenketten an.

Daß auch in der Klasse der Fettkörper nicht nur der Kohlenstoff, sondern auch andere mehratomige Elemente, z. B. der Sauerstoff, solche Seitenketten zu erzeugen imstande sind, zeigen einzelne schon jetzt bekannte Substanzen von ausnahmsweiser Konstitution und ausnahmsweisem Verhalten. Hierher gehört z. B. der dreibasische Ameisensäureäther. Die ihm ent[145]sprechende in isolirtem Zustand unbekannte Säure hat die Zusammensetzung des Methylglycerins, aber sie ist nicht mit dem Glycerin wahrhaft homolog; ein dreiatomiger Alkohol von 1 Atom Kohlenstoff ist nicht möglich. Man muß in ihr zwei Seitenketten von der Zusammensetzung ΘH annehmen, und man könnte sie als ein Hydroxylderivat des Methylalkohols ansehen:

Benzol homo[145]logen Kohlenwasserstoffe*). Wenn man die Umwandlungen der aromatischen Substanzen von allgemeinem Gesichtspunkt aus zusammenfaßt, so kommt man zu dem Schluß, daß bei allen Körpern, welche kohlenstoffhaltige Seitenketten enthalten, die meisten Metamorphosen vorzugsweise in diesen Seitenketten stattfinden. Nur die Substitutionen finden häufig in der Hauptkette statt, und die Nitrosubstitutionen scheinen sogar vorzugsweise in diesem Kern zu erfolgen.

Ich begnüge mich hier mit wenigen Bemerkungen über die Chlorderivate, und ich wähle als Beispiel die chlorhaltigen Abkömmlinge des Toluols.

[146] Für das einfach-gechlorte Toluol zeigt die Theorie leicht die Existenz von zwei isomeren Modifikationen. Man kann einerseits annehmen, das Chlor sei direkt an den Kohlenstoff des Kernes C_6 gebunden; man kann sich andererseits denken, es stehe mit dem Kohlenstoff der Seitenkette (Methyl) in direkter Verbindung. Im ersten Fall hätte man eine Substanz, welche notwendig die charakteristische Beständigkeit zeigen muß, die sich bei den Chlorsubstitutionsprodukten des Benzols findet; die zweite Annahme dagegen führt zu einer Substanz, welche ihr Chlor mit derselben Leichtigkeit auszutauschen imstande sein muß, wie dies die Chloride der

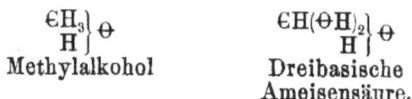

$$\left.\begin{array}{l} CH_3 \\ H \end{array}\right\}O \qquad\qquad \left.\begin{array}{l} CH(OH)_2 \\ H \end{array}\right\}O$$

Methylalkohol   Dreibasische
                             Ameisensäure.

Die folgenden Formeln drücken vielleicht in klarer Weise diese Beziehungen aus, die übrigens noch deutlicher bei graphischen Formeln hervortreten:

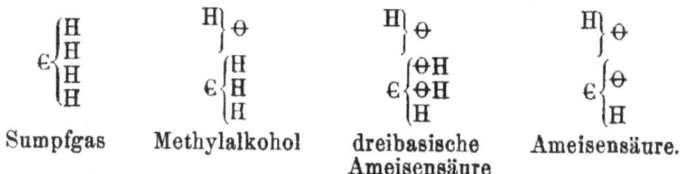

$$C\left\{\begin{array}{l} H \\ H \\ H \\ H \end{array}\right. \qquad \left.\begin{array}{l} H \end{array}\right\}O \quad C\left\{\begin{array}{l} H \\ H \\ H \end{array}\right. \qquad \left.\begin{array}{l} H \end{array}\right\}O \quad C\left\{\begin{array}{l} OH \\ OH \\ H \end{array}\right. \qquad \left.\begin{array}{l} H \end{array}\right\}O \quad C\left\{\begin{array}{l} O \\ H \end{array}\right.$$

Sumpfgas   Methylalkohol   dreibasische   Ameisensäure.
                                     Ameisensäure

Auch der von *Carius* vor kurzem beschriebene Propylphycit gehört offenbar in dieselbe Kategorie von Verbindungen.

*) Ich gebe dieses Kapitel genau in derselben Form, in der ich es früher veröffentlichte. Die im vierten Abschnitt dieser Mitteilungen beschriebenen Versuche zeigen, inwieweit sich diese Betrachtungen, die lange vor Anstellung jener Versuche ausgesprochen waren, bestätigt haben.

gewöhnlichen Alkoholradikale tun. Man begreift also die Existenz zweier Körper von der Zusammensetzung C_7H_7Cl. Der eine ist das Monochlortoluol; es ist beständig wie das Monochlorbenzol; die andere isomere Modifikation zeigt leicht doppelten Austausch, genau wie das Methylchlorid:

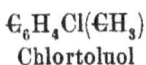

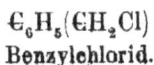

$$C_6H_4Cl(CH_3) \qquad C_6H_5(CH_2Cl)$$

Chlortoluol Benzylchlorid.

Die letztere Modifikation muß sich natürlich bei geeigneten Metamorphosen des Benzylalkohols erzeugen; sie kann möglicherweise auch durch Einwirkung von Chlor auf Toluol entstehen. Die erste beständige Modifikation kann ebenfalls durch substituirende Einwirkung von Chlor auf Toluol gebildet werden; sie wird sich außerdem aus Kresol durch Behandlung mit Phosphorsuperchlorid darstellen lassen.

Das Benzylchlorid muß sich, weil es das Chlor in der Seitenkette enthält, wie phenylirtes Methylchlorid verhalten, und es erzeugt in der Tat bei Einwirkung von Ammoniak drei Basen, von welchen die erste, das Benzylamin, isomer ist mit dem Toluidin. Die Isomerie dieser beiden Basen ist leicht verständlich: in dem Toluidin (Amidotoluol, Methylamidobenzol) befindet sich der Stickstoff in direkter Verbindung mit dem Kohlenstoff des Kernes; im Benzylamin (Phenyl-[147]methylamin) dagegen steht er mit dem Kohlenstoff der Seitenkette in Verbindung.

Ich will noch erwähnen, daß die Theorie außerdem noch die Existenz anderer isomerer Modifikationen des einfach-gechlorten Toluols andeutet (das Chlor kann entweder in der Seitenkette an anderer Stelle, oder es kann in bezug auf die Seitenkette anders gestellt sein). Ich muß außerdem beifügen, daß die beiden erwähnten Modifikationen des einfach-gechlorten Toluols, wie überhaupt alle ähnliche Körper, während der Reaktion eine Umlagerung der Atome innerhalb des Moleküls erleiden können, so daß sich also eine gegebene Substanz in gewissen Reaktionsbedingungen genau so verhalten kann, wie es ein mit ihr isomerer Körper tun würde.

3. Homologe des Phenols usw. — Es ist kaum nötig, diese Homologien hier näher zu erörtern, sie sind genau derselben Ordnung wie die Homologien der Kohlenwasserstoffe C_nH_{2n-6}. Das Kresol z. B. steht zum Phenol genau in derselben Beziehung wie das Toluol zum Benzol; es ist Methylphenol:

C_6H_6 Benzol, $C_6H_5(\Theta H)$ Phenol,
$C_6H_5(CH_3)$ Methylbenzol (Toluol); $C_6H_4(CH_3)(\Theta H)$ Methylphenol
                                                              (Kresol).

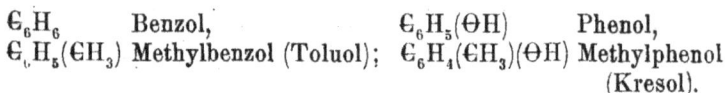

Für das nächstfolgende Glied aus der homologen Reihe der Phenole sind verschiedene Modifikationen möglich. Die Theorie deutet die Existenz eines Äthylphenols und eines mit ihm isomeren Dimethylphenols an:

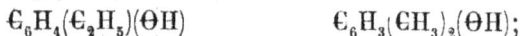

$$C_6H_4(C_2H_5)(\Theta H) \qquad\qquad C_6H_3(CH_3)_2(\Theta H);$$

für beide sind außerdem (wie für das Methylphenol selbst) noch weitere Isomerien denkbar, deren Verschiedenheit durch die relative Stellung der Seitenketten veranlaßt wird.

Daß auch für die Oxyphensäure homologe Substanzen denkbar sind, bedarf kaum der Erwähnung. Das Kreosot, das Guajakol usw. haben offenbar eine ähnliche Konstitu[148]tion. Die Verschiedenheit des Kresols und des mit ihm isomeren Benzylalkohols wird aus den nachfolgenden Betrachtungen leicht verständlich.

4. Benzoëgruppe. — Die Benzyl- und die Benzoyl-verbindungen stehen zum Toluol in naher Beziehung; sie enthalten wie dieses ein Atom Kohlenstoff, welches sich als Seitenkette an den Kern C_6 angelagert hat; aber während die drei Verwandtschaftseinheiten dieses Kohlenstoffatoms im Toluol durch Wasserstoff gesättigt sind, werden sie in den Benzyl- und Benzoylverbindungen ganz oder teilweise durch andere Elemente gebunden. In den Benzylverbindungen sind noch zwei dieser Affinitäten an Wasserstoff gebunden, in den Benzoyl-verbindungen sind diese Wasserstoffatome durch Sauerstoff ersetzt. Man hat (Tafel Fig. 18, 19, 20):

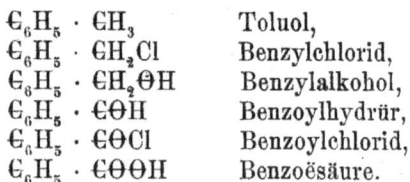

$$
\begin{aligned}
&C_6H_5 \cdot CH_3 && \text{Toluol,} \\
&C_6H_5 \cdot CH_2Cl && \text{Benzylchlorid,} \\
&C_6H_5 \cdot CH_2\Theta H && \text{Benzylalkohol,} \\
&C_6H_5 \cdot C\Theta H && \text{Benzoylhydrür,} \\
&C_6H_5 \cdot C\Theta Cl && \text{Benzoylchlorid,} \\
&C_6H_5 \cdot C\Theta\Theta H && \text{Benzoësäure.}
\end{aligned}
$$

Man sieht jetzt leicht, warum das Kresol und der Benzyl-alkohol verschieden sind; im ersteren ist die Gruppe ΘH an die Hauptkette angelagert, und die Verbindung hat also zwei Seitenketten: ΘH und CH_3; der Benzylalkohol dagegen hat nur eine Seitenkette, und die Gruppe ΘH befindet sich in dieser.

Daß alle Benzyl- und Benzoylverbindungen leicht doppelten Austausch zeigen, ist ebenfalls leicht verständlich; die Umwandlungen erfolgen stets in der Seitenkette, die der Natur der Sache nach genau dasselbe Verhalten zeigt, wie die Methyl- und die Formylverbindungen.

Ich darf nicht unerwähnt lassen, daß, der Theorie nach, eine mit der Benzoësäure homologe Säure, die weniger als 7 Atome Kohlenstoff enthält, nicht denkbar ist*).

[149] 5. Oxybenzoësäure usw. — An die Benzoësäure schließen sich drei Säuren an, die sich von ihr nur durch den Mehrgehalt von 1, 2 oder 3 Sauerstoffatomen unterscheiden. Sie müssen offenbar als Benzoësäure betrachtet werden, in welcher 1, 2 oder 3 Wasserstoffatome des Kernes durch die Gruppe ΘH ersetzt sind, und sie stehen demnach zur Benzoësäure genau in derselben Beziehung wie das Phenol, die Oxyphensäure und die Pyrogallussäure zum Benzol. Diese drei Säuren sind: Oxybenzoësäure, Protokatechusäure und Gallussäure (Tafel, Fig. 21, 22, 23):

Benzoësäure	$C_6H_5 \cdot CO_2H$	$C_6H_5 \cdot H$	Benzol,
Oxybenzoësäure	$C_6H_4 \cdot \Theta H \cdot CO_2H$	$C_6H_5 \cdot \Theta H$	Phenol,
Protokatechusäure	$C_6H_3 \cdot (\Theta H)_2 \cdot CO_2H$	$C_6H_4 \cdot (\Theta H)_2$	Oxyphensäure,
Gallussäure	$C_6H_2 \cdot (\Theta H)_3 \cdot CO_2H$	$C_6H_3 \cdot (\Theta H)_3$	Pyrogallussäure.

Die Zersetzung der in der ersten Reihe zusammengestellten Säuren unter Bildung von Substanzen der zweiten Reihe ist leicht verständlich: die Seitenkette CO_2H löst sich unter Freiwerden von Kohlensäureanhydrid los; das Produkt enthält an ihrer Stelle Wasserstoff.

Für die oben als Oxybenzoësäure bezeichnete Säure kennt man drei isomere Modifikationen: die Oxybenzoësäure, die Paraoxybenzoësäure und die Salicylsäure. Die Ursache der Verschiedenheit dieser drei Substanzen liegt offenbar in der Verschiedenheit der Stellung, welche die Gruppe ΘH in bezug

---

*) Es ist bekannt, daß *Fröhde* und *Church* eine Säure von [149] dieser Zusammensetzung dargestellt zu haben glaubten, und man erinnert sich außerdem einer Angabe von *De la Rue* und *Müller* über denselben Gegenstand. Ich bekenne, und ich denke, daß viele Fachgenossen derselben Ansicht sind, daß ich nicht recht an die Existenz dieser Säure glaube, daß ich vielmehr geneigt bin, die untersuchten Produkte für unreine Benzoësäure zu halten.

auf die Gruppe $\Theta\Theta_2H$ einnimmt. Man könnte sie etwa durch die folgenden Formeln ausdrücken:

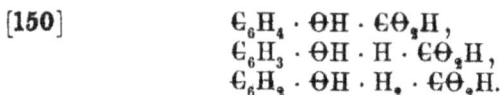

[150]
$$\Theta_6H_4 \cdot \Theta H \cdot \Theta\Theta_2H,$$
$$\Theta_6H_3 \cdot \Theta H \cdot H \cdot \Theta\Theta_2H,$$
$$\Theta_6H_2 \cdot \Theta H \cdot H_2 \cdot \Theta\Theta_2H.$$

Jeder dieser drei Säuren entsprechen schon jetzt Chlor- oder Nitrosubstitutionsprodukte der Benzoesäure usw., z. B. die folgenden:

Oxybenzoësäure,	Paraoxybenzoësäure,	Salicylsäure,
Chlorbenzoësäure,	Chlordracylsäure,	Chlorsalicylsäure.
Nitrobenzoësäure,	Paranitrobenzoësäure.	
usw.		

6. **Homologe der Benzoësäure.** — Für die mit der Benzoësäure homologen Säuren können geradezu die Betrachtungen benutzt werden, die oben für die Homologe des Phenols (Nr. 3) und für die Homologe des Benzols (Nr. 1) mitgeteilt wurden. Die Homologie kann entweder dadurch veranlaßt werden, daß sich die Anzahl der Seitenketten vermehrt, oder dadurch, daß bei gleichbleibender Anzahl sich eine der Seitenketten verlängert. Vorkommende Fälle von Isomerie erklären sich leicht; ich begnüge mich hier mit einigen Bemerkungen über die beiden Toluylsäuren.

Die Toluylsäure steht zum Toluol in derselben Beziehung wie die Benzoësäure zum Benzol; sie enthält also zwei Seitenketten: ΘH_3 und $\Theta\Theta_2H$. Die Alphatoluylsäure dagegen enthält eine verlängerte Seitenkette; die Gruppe $\Theta\Theta_2H$ hat sich an den Kohlenstoff der Seitenkette ΘH_3 angelagert:

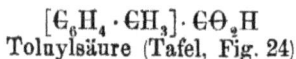

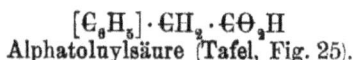

$$[\Theta_6H_4 \cdot \Theta H_3] \cdot \Theta\Theta_2H \qquad\qquad [\Theta_6H_5] \cdot \Theta H_2 \cdot \Theta\Theta_2H$$
Toluylsäure (Tafel, Fig. 24)   Alphatoluylsäure (Tafel, Fig. 25).

Man könnte die Toluylsäure als Methylphenylameisensäure, die Alphatoluylsäure dagegen als Phenylessigsäure bezeichnen. Daß die Cuminsäure als Propylphenylameisensäure angesehen werden kann, wurde oben schon erwähnt; von anderen homologen Säuren wird im dritten Abschnitt dieser Mitteilungen noch spezieller die Rede sein, und ich will hier nur noch die Formeln der bis jetzt bekannten Säuren dieser Reihe zusammenstellen:

[151]

empirisch   rationell

$C_7H_6O_2$ $[C_6H_5] \cdot CO_2H$ Phenylameisensäure
    = Benzoësäure,

$C_8H_8O_2$ $[C_6H_4(CH_3)] \cdot CO_2H$ Methylphenylameisensäure
    = Toluylsäure,

» $[C_6H_5] \cdot CH_2 \cdot CO_2H$ Phenylessigsäure
    = α-Toluylsäure,

$C_9H_{10}O_2$ $[C_6H_3(CH_3)_2] \cdot CO_2H$ Dimethylphenylameisensäure
    = Xylylsäure,

» $[C_6H_5] \cdot C_2H_4 \cdot CO_2H$ Phenylpropionsäure
    = Hydrozimmtsäure,
    Homotoluylsäure,

$C_{10}H_{12}O_2$ $[C_6H_4(C_3H_7)] \cdot CO_2H$ Propylphenylameisensäure
    = Cuminsäure,

$C_{12}H_{14}O_2$ $[C_6H_4(C_3H_7)] \cdot CH_2CO_2H$ Propylphenylessigsäure
    = Homocuminsäure.

Ich will noch erwähnen, daß die Alphatoluylsäure mit der Benzoësäure in demselben Sinn homolog ist, wie die Essigsäure mit der Ameisensäure. Die Homologie der Toluylsäure und der Benzoësäure ist anderer Ordnung; beide Substanzen sind homolog wie Toluol und Benzol.

7. Phtalsäure, Terephtalsäure usw. — Die Benzoësäure kann, wie erwähnt, als Benzol angesehen werden, in welchem 1 Atom H durch die Seitenkette CO_2H vertreten ist; denkt man sich nun, daß dieselbe Seitenkette zweimal in den Kern C_6 eintritt, so hat man die Formel der Phtalsäure und der mit ihr isomeren Terephtalsäure (deren Isomerie sich offenbar wieder durch die Verschiedenheit der relativen Stellung der beiden Seitenketten erklärt). Die Phtalsäure liefert, genau wie die Benzoësäure (vgl. Nr. 5), Benzol, und in geeigneten Bedingungen läßt sich die Zersetzung auf selbem Weg bei der Bildung der Benzoësäure einhalten:

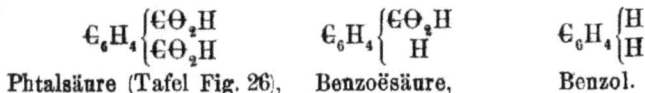

$$C_6H_4 \begin{cases} CO_2H \\ CO_2H \end{cases} \qquad C_6H_4 \begin{cases} CO_2H \\ H \end{cases} \qquad C_6H_4 \begin{cases} H \\ H \end{cases}$$

Phtalsäure (Tafel Fig. 26),   Benzoësäure,   Benzol.

Die Theorie zeigt, daß eine mit der Phtalsäure homologe Säure, die weniger als acht Atome Kohlenstoff enthält, nicht möglich ist; dagegen deutet sie die Existenz von mit der Phtalsäure homologen Säuren von höherem Kohlenstoff[152]gehalt an, und ferner die Existenz einer vom Benzol sich ableitenden Trikarbonsäure usw.:

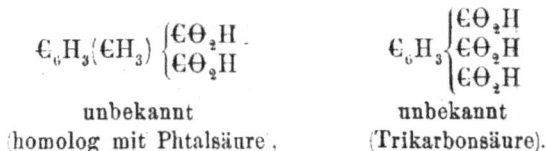

$$C_6H_3(CH_3)\begin{cases}CO_2H \\ CO_2H\end{cases} \qquad\qquad C_6H_3\begin{cases}CO_2H \\ CO_2H \\ CO_2H\end{cases}$$

unbekannt　　　　　　　　　　unbekannt

(homolog mit Phtalsäure).　　　(Trikarbonsäure).

8. Oxydationsprodukte der aromatischen Substanzen. — Es wurde oben schon erwähnt, daß bei vielen Metamorphosen der aromatischen Substanzen nur die Seitenkette, oder die Seitenketten, wenn deren mehrere vorhanden sind, Veränderung erleidet, und daß der Kern unangegriffen bleibt. Die Oxydationsprodukte sind in dieser Hinsicht besonders interessant.

Man kann im allgemeinen sagen, daß die an den Kern C_6 als Seitenketten angelagerten Alkoholradikale (Methyl, Äthyl usw.) bei hinlänglich euergischer Oxydation in die Gruppe CO_2H umgewandelt werden. Die Oxydationsprodukte enthalten also stets ebensoviel Seitenketten wie die Körper, aus welchen sie erzeugt werden.

Aus dem Methylbenzol (Toluol) und dem von *Fittig* synthetisch dargestellten Äthylbenzol, die beide eine Seitenkette enthalten, entsteht bei Oxydation Benzoësäure, in welcher die Seitenkette CO_2H ebenfalls nur einmal vorhanden ist. Da das Cumol aus Cuminsäure ebenfalls Benzoësäure liefert, so kann geschlossen werden, daß es nur eine Seitenkette enthält; es ist demnach als Propylbenzol zu betrachten:

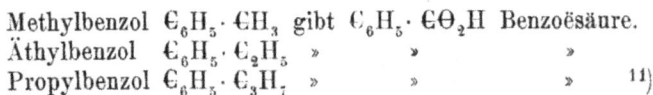

Methylbenzol $C_6H_5 \cdot CH_3$ gibt $C_6H_5 \cdot CO_2H$ Benzoësäure.

Äthylbenzol $\quad C_6H_5 \cdot C_2H_5$ 　»　　　　　»　　　　　　»

Propylbenzol $C_6H_5 \cdot C_3H_7$ 　»　　　　　»　　　　　　»　　　11)

Das Dimethylbenzol (Xylol), in welchem die Seitenkette CH_3 zweimal vorhanden ist, erzeugt bei Oxydation Terephtalsäure, welche ebenfalls die Kette CO_2H zweimal enthält. [153] Auch das Äthylmethylbenzol liefert Terephtalsäure; dieselbe Säure entsteht ferner aus dem Cymol des Römisch-Kümmelöls, und es müssen also in diesem zwei Seitenketten angenommen werden [von welchen der Bildung des Cumols aus Cuminsäure wegen (Nr. 1, Anmerk.) die eine Propyl ist]:

Dimethybenzol $\quad C_6H_4\begin{Bmatrix} CH_3 \\ CH_3 \end{Bmatrix}$ gibt $C_6H_4\begin{Bmatrix} CO_2H \\ CO_2H \end{Bmatrix}$ Terephthalsäure.

Äthylmethylbenzol $C_6H_3\begin{Bmatrix} C_2H_5 \\ CH_3 \end{Bmatrix}$ » » »

Propylmethylbenzol $C_6H_4\begin{Bmatrix} C_3H_7 \\ CH_3 \end{Bmatrix}$ » » »

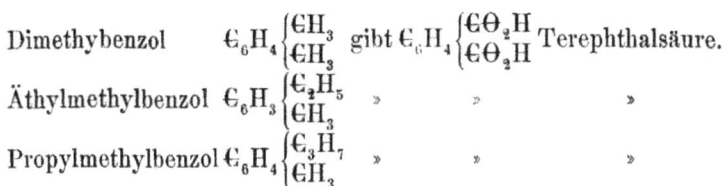

Bei gemäßigteren Reaktionen gelingt es bei denjenigen Abkömmlingen des Benzols, welche zwei oder mehr Alkoholradikale enthalten, die Oxydation bei Bildung von Zwischengliedern einzuhalten; es wird nämlich zunächst nur ein Alkoholradikal oxydirt, während das andere unverändert bleibt. So liefert das Dimethylbenzol (Xylol) Toluylsäure, und dieselbe Säure entsteht auch aus Cymol (Propylmethylbenzol); sie muß außerdem bei Oxydation des synthetisch dargestellten Äthylmethylbenzols gebildet werden.

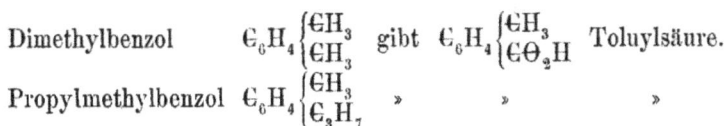

Dimethylbenzol $\quad C_6H_4\begin{Bmatrix} CH_3 \\ CH_3 \end{Bmatrix}$ gibt $C_6H_4\begin{Bmatrix} CH_3 \\ CO_2H \end{Bmatrix}$ Toluylsäure.

Propylmethylbenzol $C_6H_4\begin{Bmatrix} CH_3 \\ C_3H_7 \end{Bmatrix}$ » » »

Bei stärkerer Oxydation wird dann die Toluylsäure in Terephtalsäure umgewandelt, denn auf die Homologen der Benzoësäure ist dasselbe Gesetz der Oxydation anwendbar.

Die Länge der Seitenketten scheint bei diesen Oxydationen von keinem Einfluß zu sein; bei allen bis jetzt bekannten Oxydationen wenigstens wird die Seitenkette, wenn sie mehr als 1 Atom Kohlenstoff enthält, so weit zerstört, daß nur ein Kohlenstoffatom als CO_2H übrig bleibt; z. B.:

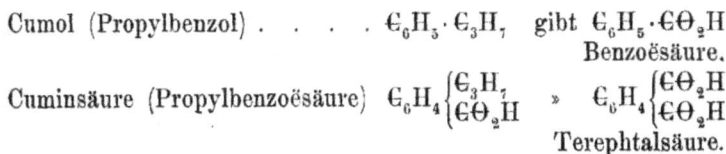

Cumol (Propylbenzol) . . . . $C_6H_5 \cdot C_3H_7$ gibt $C_6H_5 \cdot CO_2H$
Benzoësäure.

Cuminsäure (Propylbenzoësäure) $C_6H_4\begin{Bmatrix} C_3H_7 \\ CO_2H \end{Bmatrix}$ » $C_6H_4\begin{Bmatrix} CO_2H \\ CO_2H \end{Bmatrix}$
Terephtalsäure.

[154] Es wäre indessen nicht unmöglich, daß bei sehr gemäßigter Oxydation eine aus mehreren Kohlenstoffatomen gebildete Seitenkette nur verhältnismäßig wenig und ohne Zerstörung oxydirt werden könnte. Vielleicht gelingt es z. B., aus dem Äthylbenzol eine mit der Toluylsäure isomere Säure darzustellen:

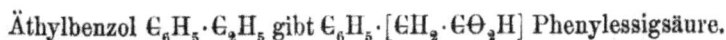

Äthylbenzol $C_6H_5 \cdot C_2H_5$ gibt $C_6H_5 \cdot [CH_2 \cdot CO_2H]$ Phenylessigsäure.

Vielleicht widersetzt sich indessen solchen Oxydationen die leichte Zerstörbarkeit solcher sauerstoffhaltiger Seitenketten; man weiß in der Tat, daß die Alphatoluylsäure, die gerade als die eben erwähnte Phenylessigsäure angesehen werden muß, bei Oxydation mit Leichtigkeit Benzoësäure liefert:

Phenylessigsäure $C_6H_5 \cdot [CH_2 \; CO_2H]$ gibt $C_6H_5 \cdot CO_2H$ Benzoësäure.

Das eben erwähnte Oxydationsgesetz kann übersichtlich in folgender Tabelle ausgedrückt werden, aus welcher sich zugleich ergibt, daß das Trimethylbenzol bei der Oxydation drei neue Säuren erzeugen muß usw. (vgl. Xylylsäure im dritten Abschnitt dieser Mitteilungen):

Kohlen-wasserstoff	Säuren			
	Monokarbon-säuren (einbasisch)	Dikarbon-säuren (zweibasisch)	Trikarbon-säuren (dreibasisch)	
C_6H_6 Benzol	—	—	—	—
$C_6H_5 \cdot CH_3$ Methylbenzol	$C_6H_5 \cdot CO_2H$ Benzoësäure	—	—	—
$C_6H_4 \begin{cases} CH_3 \\ CH_3 \end{cases}$ Dimethylbenzol	$C_6H_4 \begin{cases} CH_3 \\ CO_2H \end{cases}$ Toluylsäure	$C_6H_4 \begin{cases} CO_2H \\ CO_2H \end{cases}$ Terephtalsäure	—	—
$C_6H_3 \begin{cases} CH_3 \\ CH_3 \\ CH_3 \end{cases}$ Trimethylbenzol	$C_6H_3 \begin{cases} CH_3 \\ CH_3 \\ CO_2H \end{cases}$ Xylylsäure	$C_6H_3 \begin{cases} CH_3 \\ CO_2H \\ CO_2H \end{cases}$ unbekannt	$C_6H_3 \begin{cases} CO_2H \\ CO_2H \\ CO_2H \end{cases}$ unbekannt	—
usw.	usw.	usw.	usw.	usw.

[155] Ich breche hier ab, um diese Betrachtungen nicht allzuweit fortzusetzen. Die mitgeteilten Beispiele genügen, wie ich hoffe, um die Grundideen meiner Ansicht verständlich zu machen, ich denke, es wird niemand schwer sein, die gegebenen Prinzipien auch auf andere aromatische Substanzen anzuwenden. Vielleicht ist man mit mir der Ansicht, daß diese Ideen von den Metamorphosen der aromatischen Verbindungen

und von den zahlreichen Isomerien, die man gerade in dieser
Körpergruppe beobachtet hat, in verhältnismäßig einfacher
Weise Rechenschaft geben; vielleicht macht es die Anwendung
dieser Prinzipien möglich, neue Metamorphosen und neue Isomerien vorauszusehen.

Möge es mir schließlich gestattet sein, einige Bemerkungen
anzuknüpfen über die rationellen Formeln, durch welche man
die aromatischen Substanzen darstellen, und über die rationellen
Namen, mit welchen man sie bezeichnen könnte.

Es kann gewiß nicht geleugnet werden, daß viele aromatische Substanzen mit entsprechenden Verbindungen aus der
Klasse der Fettkörper eine ungemeine Analogie zeigen, aber
man kann andererseits kaum übersehen, daß sie in vieler Hinsicht von diesen Verbindungen beträchtlich abweichen. Seither
hat man wesentlich auf diese Analogien Gewicht gelegt, und
man hat in Formeln und in Namen einzig diese Analogien
hervorzuheben sich bemüht. Die Theorie, die ich im vor-
stehenden entwickelt habe, legt mehr Gewicht auf die Verschiedenheiten, aber sie vernachlässigt dabei in keiner Weise
die wirklich festgestellten Analogien, sie schließt dieselben
vielmehr als notwendige Konsequenz in das Prinzip mit ein.

Vielleicht wäre es zweckmäßig, dieselben Prinzipien auch
auf die Schreibweise der Formeln anzuwenden und sie auch
[156] dann in Anwendung zu bringen, wenn es sich um Schaffen
neuer Namen handelt.

Bei der Schreibweise der Formeln könnte man alle diejenigen Modifikationen, die in der Hauptkette vor sich gehen,
als Substitution darstellen; man könnte sich des Prinzips
der typischen Schreibweise für alle diejenigen Metamorphosen
bedienen, bei welchen eine kohlenstoffhaltige Seitenkette Veränderung erleidet. Diese Grundsätze habe ich im vorhergehenden für einzelne Formeln beispielsweise in Anwendung
zu bringen mich bemüht; aber ich habe dabei (wie ich dies
schon öfter und schon seit lange getan) jene Dreiecksform der
typischen Formeln unterdrückt, die wesentlich von *Gerhardt* in
die Wissenschaft eingeführt und von den meisten Chemikern
angenommen worden ist. Ich bin mit vielen Fachgenossen der
Ansicht, daß man diese Form typischer Formeln völlig ver-
lassen sollte, der zahlreichen Unklarheiten und Nachteile wegen,
die sie mit sich führt. Übrigens möchte ich bei der Gelegenheit eine Erklärung, die ich schon öfter abgegeben, nochmals
wiederholen, die nämlich, daß ich auf die Form der rationellen

Formeln verhältnismäßig wenig Wert lege. Ich halte alle rationellen Formeln für berechtigt, wenn sie die Ideen, die sie auszudrücken bestimmt sind, klar und unzweideutig wiedergeben; ich halte verschieden aussehende Formeln für gleichwertig, wenn sie dieselben Ideen in veränderter Form ausdrücken; ich halte sie aber nur dann für richtig, wenn die Ideen selbst richtig sind, d. h. eine große Summe von Wahrscheinlichkeit für sich haben. Es will mir scheinen, als streite man in neuerer Zeit vielfach allzusehr um die Form, und als vernachlässige man dabei bisweilen den Inhalt, und ich glaube, daß diese Verwechslung von Form und Inhalt mir manche Vorwürfe zugezogen hat, die ich gewiß nicht verdiene. Für viele derselben könnte ich leicht nachweisen, daß sie auf Miß-[**157**]verständnissen beruhen; ich halte dies indessen nicht für der Mühe wert, weil der Wissenschaft daraus kein Vorteil erwachsen kann.

Ich sage nichts über die Prinzipien, die man bei Bildung rationeller Namen befolgen könnte. Es ist stets leicht, einen Namen zu finden, der eine gegebene Idee ausdrückt; aber solange man sich nicht über die Ideen verständigt hat, ist es nutzlos, auf Namen allzugroßes Gewicht zu legen und sich um Worte zu streiten. Ein gut erfundenes Wort ist gewiß ein zweckmäßiges Hilfsmittel der Sprache, aber nur durch neue Ideen schreitet die Wissenschaft voran.

II. Substitutionsprodukte des Benzols.

Wenn man, wie dies in den oben mitgeteilten Betrachtungen geschah, das Benzol als eine geschlossene Kette betrachtet, die aus sechs Kohlenstoffatomen besteht, welche sich abwechselnd durch je eine und je zwei Verwandtschaftseinheiten vereinigt haben; so wirft sich sofort eine weitere Frage auf, die nicht nur für das Benzol selbst, sondern für alle aromatische Verbindungen, die ja im Grund genommen nichts anderes sind als nähere oder entferntere Abkömmlinge des Benzols, von der größten Wichtigkeit ist. Diese Frage ist die folgende: sind die sechs Wasserstoffatome des Benzols gleichwertig, oder spielen sie vielleicht, veranlaßt durch ihre Stellung, ungleiche Rollen?

Man versteht leicht die große Tragweite dieser Frage. Wenn die sechs Wasserstoffatome des Benzols oder die von

ihnen eingenommenen Plätze, völlig gleichwertig sind, so kann
die Ursache der Verschiedenheit aller isomeren Modifikationen,
die man für viele Substitutionsderivate des Benzols beobachtet
hat und noch beobachten wird, nur in der Ver[158]schiedenheit
der relativen Stellung gesucht werden, welche die Elemente
oder Seitenketten einnehmen, die den Wasserstoff des Benzols
ersetzen. Sind die sechs Wasserstoffatome des Benzols dagegen
nicht gleichwertig, so finden diese Isomerien zum Teil vielleicht ihre Erklärung in der Verschiedenheit der absoluten
Stellung jener den Wasserstoff ersetzenden Elemente oder
Seitenketten; und man versteht überdies die Möglichkeit der
Existenz einer weit größeren Anzahl isomerer Modifikationen.

Ich will zunächst die zwei Hypothesen, welche den Grundideen der oben entwickelten Theorie nach die größte Wahrscheinlichkeit darbieten, etwas ausführlicher entwickeln.

Erste Hypothese. — Die sechs Kohlenstoffatome des
Benzols sind untereinander in völlig symmetrischer Weise verbunden, man kann also annehmen,
sie bilden einen völlig symmetrischen
Ring; die sechs Wasserstoffatome
sind dann nicht nur in bezug auf
den Kohlenstoff völlig symmetrisch
gestellt, sondern sie nehmen auch
im Atomsystem (Molekül) völlig analoge Plätze ein; sie sind also gleichwertig. Man könnte dann das Benzol durch ein Sechseck darstellen,
dessen sechs Ecken durch Wasserstoffatome gebildet sind:

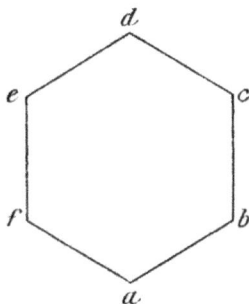

Man sieht dann leicht ein, daß für die durch stets fort-
schreitende Substitution entstehenden Derivate die folgenden
isomeren Modifikationen möglich sind. Man hat z. B. für die
Bromsubstitutionsprodukte: [159]

1. Monobrombenzol: eine Modifikation,
2. Bibrombenzol: drei Modifikationen: *ab*, *ac*, *ad*,
3. Tribrombenzol: drei Modifikationen: *abc*, *abd*, *ace*,
4. Tetrabrombenzol: drei Modifikationen (wie für 2),
5. Pentabrombenzol: eine Modifikation,
6. Hexabrombenzol: eine Modifikation.

Betrachtet man dann diejenigen Substitutionsderivate, welche
zwei verschiedene Elemente oder Seitenketten enthalten, so hat

man Folgendes. Wenn nur zwei Wasserstoffatome ersetzt sind, so wird die Anzahl der möglichen Modifikationen nicht größer, denn das Umkehren der Ordnung (*ab* oder *ba*) hat keinen Einfluß. Sind dagegen drei Wasserstoffatome ersetzt, so wird die Anzahl der möglichen Modifikationen größer, denn für die zwei oben zuerst aufgeführten Modifikationen ist die Reihenfolge der ersetzenden Atome oder Gruppen von Einfluß. Für das Bibromnitrobenzol, z. B. hätte man die folgenden Fälle:

1. für abc: $C_6H_3BrBr(NO_2)$,
$C_6H_3BrNO_2Br$,
2. für abd: $C_6H_2(NO_2)HBr_2$,
$C_6H_2BrH(NO_2)Br$,
$C_6H_2BrHBr(NO_2)$,
3. für ace: $C_6HBrHBrHNO_2$. [12])

Zweite Hypothese. — Die sechs Wasserstoffatome des Benzols bilden drei Atomgruppen, von welchen jede aus zwei durch je zwei Verwandtschaftseinheiten vereinigten Kohlenstoffatomen besteht. Die Gruppe erscheint schon danach als Dreieck, und man kann sich zudem die sie bildenden Kohlenstoffatome so gestellt denken, daß sich drei Wasserstoffatome im Inneren, drei andere dagegen an der äußeren Seite des Dreiecks befinden. Die sechs Wasserstoffatome sind dann, und zwar abwechselnd, ungleichwertig; und man könnte das Benzol durch ein Dreieck darstellen. Drei der sechs Wasserstoffatome befinden sich an den Ecken, sie [160] sind leichter zugänglich; drei andere stehen in der Mitte der Kanten, gewissermaßen im Inneren des Moleküls:

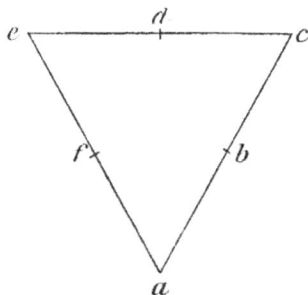

Man könnte zugunsten dieser Ansicht vielleicht die Beobachtung anführen, daß sich das Benzol mit Leichtigkeit mit 1, 2 oder 3 Molekülen Chlor oder Brom, aber nicht mit einer größeren Anzahl, zu vereinigen vermag; man könnte behaupten, nur die leichter zugänglichen Wasserstoffatome seien imstande, eine solche Anlagerung hervorzurufen.

Bei dieser Auffassung sieht man die Möglichkeit der Existenz einer weit größeren Anzahl isomerer Modifikationen voraus, wie dies leicht die folgenden Beispiele zeigen:

1. Monobrombenzol: zwei Modifikationen: *a* und *b*;
2. Bibrombenzol: vier Modifikationen: *ab*, *ac*, *bd*, *ad*;
3. Tribrombenzol: sechs Modifikationen: *abc*, *bcd*, *abd*,
usw. *abe*, *ace*, *bdf*.

Ein Problem der Art könnte auf den ersten Blick völlig unlösbar erscheinen: ich glaube indessen doch, daß seine Lösung durch das Experiment gegeben werden kann. Man muß nur, nach so viel wie möglich abgeänderten Methoden, eine möglichst große Anzahl von Substitutionsprodukten des Benzols darstellen, sie sorgfältigst in bezug auf Isomerie vergleichen, die beobachteten Modifikationen zählen, und namentlich die Ursache der Verschiedenheit aus der Art der Bildung herzuleiten suchen, und man wird sicher das Problem zu lösen imstande sein.

[161] Nun kennt man zwar schon jetzt eine nicht unbedeutende Anzahl von Substitutionsprodukten des Benzols, aber die Anzahl dieser Körper ist nicht groß genug, und einige derselben sind überdies zu unvollständig untersucht, als daß man auf die vorliegenden Angaben sichere Schlüsse bauen könnte. Ich habe es also für nötig gehalten, noch weitere Substitutionsprodukte des Benzols darzustellen, und obgleich die Tatsachen, die ich dermalen zur Verfügung habe, es noch kaum gestatten, die oben aufgeworfene Frage zu diskutieren, so will ich doch die bis jetzt gewonnenen Erfahrungen vorläufig mitteilen, weil mir einige derselben, auch einzeln genommen, nicht ohne Interesse zu sein scheinen.

Jodsubstitutionsprodukte des Benzols.

Über die Jodsubstitutionsprodukte des Benzols liegen bis jetzt nur äußerst dürftige Angaben vor. *Schützenberger*[*]) erhielt zwei derselben, das Monojodbenzol und das Bijodbenzol, neben zahlreichen anderen Produkten, bei Einwirkung von Chlorjod auf benzoësaures Natrium. Aus dem Benzol selbst hat man bis jetzt kein Jodsubstitutionsprodukt darzustellen vermocht, und die Bildung dieser Körper bei direkter Einwirkung von Jod auf Benzol konnte auch kaum erwartet werden, da alle Jodsubstitutionsprodukte, wie ich vor kurzem gezeigt habe[**]), durch Jodwasserstoff unter Rückwärtssubstitution

---

[*]) Jahresbericht f. Chem. usw. f. 1862, 251.
[**]) Ann. d. Chem. u. Pharm. CXXXI, 221.

zersetzt werden. Meine früheren Versuche ließen es dagegen wahrscheinlich erscheinen, daß bei gleichzeitiger Einwirkung von Jod und Jodsäure Substitution erfolgen würde, und der Versuch hat in der Tat gezeigt, daß durch diese Reaktion leicht Jodderivate des Benzols erhalten werden können.

[162] Das Studium der Jodsubstitutionsprodukte des Benzols schien mir nicht nur etwaiger Isomerien wegen von Interesse; ich hielt es außerdem für wichtig, gerade diese Jodderivate in bezug auf ihre Beständigkeit zu untersuchen. Man weiß, daß verschiedene Chemiker schon seit längerer Zeit versucht haben, das Chlor in dem mit Phenylchlorid identischen Monochlorbenzol auf dem Wege des doppelten Austausches durch den Wasserrest ΘH oder durch andere analoge Gruppen zu ersetzen, um so das Benzol in Phenol überzuführen. Alle diese Versuche haben negative Resultate gegeben, und man hat darin stets einen Ausnahmsfall zu sehen vermeint, weil man gewohnt war, das Phenylchlorid (Monochlorbenzol) mit den Chloriden der wahren Alkoholradikale zu vergleichen. Für das mit Phenylbromid identische Monobrombenzol hatte man dieselbe »ausnahmsweise« Beständigkeit beobachtet. Nach den oben entwickelten theoretischen Beobachtungen hat diese Beständigkeit durchaus nichts überraschendes, man hätte sie vielmehr aprioristisch aus der Theorie herleiten können; gerade deshalb aber war es von Wichtigkeit, die Jodderivate in bezug auf ihre Beständigkeit zu untersuchen, weil sie sich vielleicht leichter durch doppelten Austausch hätten zersetzen können, als dies für die Chlor- oder Bromsubstitutionsprodukte der Fall ist. Der Versuch hat gezeigt, daß sich auch bei ihnen dieselbe Beständigkeit wiederfindet.

Monojodbenzol, C_6H_5J. Wenn man Benzol mit Wasser, Jod und Jodsäure erhitzt, so wird schon bei 100° eine geringe Menge von Jodbenzol gebildet, aber die Reaktion ist ungemein langsam. Ich habe es daher vorgezogen, die Einwirkung in zugeschmolzenen Röhren vor sich gehen zu lassen, und ich habe stets auf 200 bis 240° erhitzt. Die Beschickung der Röhren war folgende: Benzol 20 g, Jod 15 g, Jodsäure 10 g. Diese Mengen weichen [163] zwar beträchtlich von den aus der Theorie sich herleitenden Verhältnissen ab:

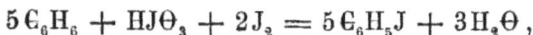

$$5\,C_6H_6 + HJ\Theta_3 + 2J_2 = 5\,C_6H_5J + 3H_2\Theta ,$$

aber sie schienen mir die beste Ausbeute zu geben. Da durch sekundäre Einwirkung beträchtliche Mengen von Kohlensäure erzeugt werden, so ist es zweckmäßig, die Röhren von Zeit zu Zeit zu öffnen, um allzuhäufige Explosionen möglichst zu vermeiden. Das Produkt wird entweder direkt destillirt oder erst mit Wasser und Alkali gewaschen und dann der Destillation unterworfen. Was bei 180 bis 190° übergeht, ist annähernd reines Monojodbenzol; der Rückstand enthält viel Bijodbenzol, bisweilen auch Trijodbenzol.

Das Monojodbenzol kann leicht durch wiederholte Rektifikation gereinigt werden; es ist eine nahezu farblose Flüssigkeit, die rasch eine schwarzrote Färbung annimmt. Der Siedepunkt wurde bei 185° beobachtet (dabei war n = 135°, t = 30°, der korrigirte Siedepunkt also 188°,2); das spez. Gewicht wurde bei 15° gefunden = 1,833. Die Substanz kann auf — 18° abgekühlt werden, ohne zu erstarren.

Das so dargestellte Monojodbenzol ist offenbar identisch mit dem von *Schützenberger* beschriebenen Produkt, für welches der Siedepunkt 185°, das spez. Gewicht 1,69 gefunden wurden.

Läßt man Natriumamalgam bei Gegenwart von Wasser oder Alkohol auf Monojodbenzol einwirken, so wird das Jod leicht durch Wasserstoff ersetzt und Benzol regenerirt. Wässerige Jodwasserstoffsäure (von 1,9 spez. Gew.) wirkt bei 100° nicht ein; bei 250° scheidet sich Jod aus, und es entsteht Benzol.

Ich habe das Monojodbenzol einen Tag lang mit einer alkoholischen Kalilösung auf 100°, ich habe es mehrere Tage lang mit festem Kalihydrat auf 250° erhitzt, und ich habe es in schmelzendes Kalihydrat eingetragen; aber ich war nicht [164] imstande, die Bildung von Phenol nachzuweisen. Ich habe es weiter drei Tage lang mit einer alkoholischen Lösung von Ammoniak einer Temperatur von 200 bis 250° ausgesetzt; es hatte sich keine Spur von Anilin gebildet.

Bijodbenzol und Trijodbenzol. Zur Darstellung der jodreicheren Derivate des Benzols erhitzt man zweckmäßig Monojodbenzol oder rohes Jodbenzol (d. h. ein Gemenge von Monojodbenzol mit jodreicheren Produkten, wie es bei der Darstellung des Monojodbenzols erhalten wird) von neuem bei Gegenwart von Wasser mit Jod und Jodsäure. Man wäscht das Produkt mit Ätzkali und unterwirft es der Destillation. Anfangs destillirt flüssiges Monojodbenzol über; das später überdestillirende Produkt erstarrt krystallinisch, es besteht wesentlich aus Bijodbenzol, enthält aber meist etwas Trijodbenzol; war das Produkt durch lange anhaltendes Erhitzen mit Jod und Jodsäure dargestellt, so ist die Menge des Trijodbenzols

bedeutender. Da das Bijodbenzol und das Trijodbenzol in
Alkohol fast dieselbe Löslichkeit zeigen, so gelingt es nur
schwer, beide Körper durch wiederholtes Umkrystallisiren völlig
zu trennen.

Das Bijodbenzol, $C_6H_4J_2$, bildet weiße perlmutterglänzende
Plättchen, die dem Naphtalin sehr ähnlich sind; solange die
alkoholische Lösung noch Monojodbenzol enthält, besitzen diese
Plättchen eine beträchtliche Größe und sind häufig sehr gut
ausgebildet; sie werden um so kleiner, je reiner die Lösung ist.

Das Bijodbenzol schmilzt bei 127°, es siedet ohne Zersetzung bei 277° (aus diesem direkt beobachteten Siedepunkt
ergibt sich, da n = 267°, t = 30°, der korrigierte Siedepunkt 285°), es sublimirt schon bei verhältnismäßig niederen
Temperaturen.

Das oben beschriebene Bijodbenzol ist offenbar identisch
mit der von *Schützenberger* erwähnten Substanz. Der[165]selbe
fand den Schmelzpunkt zu 122°, den Siedepunkt bei 250°;
der von ihm untersuchte Körper enthielt offenbar noch etwas
Monojodbenzol.

Eine mit Natriumamalgam ausgeführte Jodbestimmung gab
folgende Resultate:

0,2930 g gaben 0,4100 Jodsilber und 0,0028 Silber.

Daraus berechnet sich:

		berechnet	gefunden
C_6	72	21,82	—
H_4	4	1,21	—
J_4	254	76,97	76,70
	330	100,00.	

Das Trijodbenzol, $C_6H_3J_3$, bildet kleine Nadeln; es
schmilzt bei 76° und sublimirt unverändert. Die folgende
Jodbestimmung beweist wohl hinlänglich, daß das untersuchte
Produkt wirklich Trijodbenzol war.

0,1752 g, mit Natriumamalgam zersetzt*), gaben 0,2609
Jodsilber und 0,0031 Silber.

---

*) Ich will bei der Gelegenheit erwähnen, daß die Methode der
Zersetzung mit Natriumamalgam wohl für die Analyse der Jodderivate, nicht aber für Analyse der Bromderivate des Benzols anwendbar ist, da diese letzteren nur sehr langsam und unvollständig
zersetzt werden.

	berechnet		gefunden
C_6	72	15,79	—
H_3	3	0,66	—
J_3	381	83,55	82,56
	456	100,00.	

Nitrobromderivate des Benzols.

Die Nitrobromderivate des Benzols sind in bezug auf Isomerie von besonderem Interesse, weil für diese Körper eine große Anzahl von Bildungsweisen denkbar sind, die dadurch noch vermehrt werden können, daß man isomere [166] Substanzen als Material verwendet. Die wichtigsten dieser von der Theorie angedeuteten Bildungsweisen sind folgende:

1. Einwirkung von Salpetersäure auf Bromsubstitutionsprodukte.
2. Einwirkung von Brom auf Nitrosubstitutionsprodukte.
3. Einwirkung von Bromphosphor auf Nitroderivate des Phenols usw.
4. Zersetzung der Perbromide oder der Bromplatinsalze der Diazobenzole.
5. Zersetzung der Substitutionsprodukte der Benzoësäure usw.

Die erste der angeführten Methoden ist schon öfter in Anwendung gekommen, und die nach ihr dargestellten Produkte sind schon oben zusammengestellt. Die Anwendung der zweiten Methode ist bis jetzt, meines Wissens, nicht versucht, und man nimmt gewöhnlich an, das Brom und das Chlor üben keine Wirkung auf Nitrobenzol aus.

Ich will zunächst einiges über die durch Nitrierung der gebromten Benzole entstehenden Substanzen angeben. Drei Verbindungen der Art sind schon seit längerer Zeit bekannt, nämlich zwei Modifikationen des einfach-nitrierten Monobrombenzols, und eine Modifikation des einfach nitrierten Bibrombenzols. Ich habe es für geeignet gehalten, diese Substanzen nochmals darzustellen, um ihre Eigenschaften aus eigener Anschauung zu kennen, und um sie mit anderen Körpern von gleicher Zusammensetzung, deren Darstellung ich beabsichtigte, vergleichen zu können. Ich habe außerdem das zweifach-nitrierte Monobrombenzol dargestellt.

Einfach-nitrirtes Monobrombenzol, Mononitro-Monobrombenzol, $C_6H_4(NO_2)Br$. — Diese von *Couper**) schon beschriebene Verbindung entsteht leicht bei Einwirkung von [**167**] Salpetersäure auf Monobrombenzol. Sie ist in siedendem Wasser sehr wenig, in heißem Alkohol sehr leicht und selbst in kaltem Alkohol ziemlich löslich. Sie bildet weiße Nadeln, die bei 125° schmelzen.

Dieselbe Modifikation des Mononitro-Monobrombenzols erhielt *Grieß***) beim Erhitzen der Platinbromidverbindung des α-Diazonitrobenzols (aus α-Nitroanilin aus nitrirten Aniliden); er fand den Schmelzpunkt bei 126°. Eine verschiedene Modifikation dagegen erhielt *Grieß* aus der Platinbromidverbindung des β-Diazonitrobenzols (aus β-Nitroanilin aus Dinitrobenzol); sie schmilzt bei 56° und krystallisirt in rhombischen Prismen.

Binitro-Monobrombenzol, $C_6H_3(NO_2)_2Br$. — Man erhält diese Verbindung leicht, wenn man Monobrombenzol mit einem Gemisch von Salpetersäure-Monohydrat und rauchender Schwefelsäure erwärmt***). Wasser fällt dann ein gelbes Öl, welches langsam erstarrt; man wäscht mit Wasser und krystallisirt aus Alkohol um.

Das Binitro-Monobrombenzol bildet große durchsichtige und wohl ausgebildete Krystalle von gelber Farbe. Sie schmelzen bei 72° und lösen sich reichlich in heißem Alkohol.

Eine Brombestimmung nach der von *Carius* angegebenen Methode†) ergab folgenden Bromgehalt: [**168**]

0,3429 g gaben 0,2475 AgBr und 0,0077 Silber, entsprechend Br pC. 32,37.
Die Formel $C_6H_3(NO_2)_2Br$ verlangt 32,39.

Mononitro-Bibrombenzol, $C_6H_3(NO_2)Br_2$; entsteht leicht, wie *Riche* und *Bérard* schon fanden††), bei Einwirkung von

---

*) Ann. d. Chem. u. Pharm. CIV, 225.
**) Jahresber. f. Chem. usw. f. 1863, 423.
***) Ich will hier erwähnen, daß auch das Binitrobenzol durch Behandeln mit einem Gemisch von Salpetersäure und rauchender Schwefelsäure weiter nitrirt wird. Ich werde über die Eigenschaften und die Abkömmlinge des entstehenden Trinitrobenzols demnächst näheres mitteilen.
†) Bei diesen Analysen ist, der Schwerverbrennlichkeit der Benzolsubstitutionsprodukte wegen, Zusatz einer verhältnismäßig großen Menge von chromsaurem Kalium nötig.
††) Ann. d. Chem. u. Pharm. CXXXIII, 52.

Salpetersäure auf Bibrombenzol. Es bildet weiße Plättchen oder abgeplattete Nadeln, die bei 84° schmelzen. Die Brombestimmung ergab folgendes:

0,3035 g (nach *Carius*) gaben 0,3986 Bromsilber und 0,0038 Silber.

Daraus berechnen sich 56,80 pC. Brom.
Die Formel $\mathrm{C_6H_3(NO_2)Br_2}$ verlangt 56,94 pC. Brom.

Ich will bei der Gelegenheit erwähnen, daß auch die Jodderivate des Benzols der Nitrirung fähig sind. Ich habe bis jetzt nur eine Verbindung der Art dargestellt, das: Mononitro-Monojodbenzol, $\mathrm{C_6H_4(NO_2)J}$. — Es entsteht leicht bei Einwirkung von konzentrirter Salpetersäure auf Monojodbenzol. Es bildet schöne schwachgelbe Nadeln, die bei 171,5° schmelzen und ohne Zersetzung sublimirt werden können, wie dies auch die oben beschriebenen Bromnitroderivate des Benzols tun.

0,3617 g (mit chromsaurem Blei und vorgelegtem Kupfer verbrannt) gaben 0,3838 Kohlensäure und 0,0620 Wasser.

		berechnet	gefunden
$\mathrm{C_6}$	72	28,92	28,94
$\mathrm{H_4}$	4	1,61	1,90
$\mathrm{NO_2}$	46	18,48	——
J	127	50,99	—
	249	100,00.	

Das eben beschriebene Mononitro-Monojodbenzol scheint von einer gleichzusammengesetzten Substanz, die *Schützenberger* bei Einwirkung von Chlorjod auf nitrobenzoësaures [169] Natrium erhielt, verschieden zu sein; wenigstens beschreibt *Schützenberger* sein Jodnitrobenzol als ein bei 290° siedendes Öl.

Einwirkung von Brom auf Nitrobenzol und Binitrobenzol.

Man nimmt dermalen gewöhnlich an, das Brom und das Chlor seien auf Nitrobenzol durchaus ohne Wirkung; nur *H. Müller* glaubt, wie *Grieß**) angibt, beobachtet zu haben, daß das Chlor bei Anwesenheit von Jod auf Nitrobenzol

---

*) Zeitschrift für Chem. u. Pharm. 1863, 483.

einwirke, und daß ein vom nitrirten Chlorbenzol verschiedenes Chlornitrobenzol entstehe. Diese Angabe lies mich hoffen, durch Einwirkung von Brom auf Nitrobenzol und Binitrobenzol Produkte zu erhalten, deren Studium für die Isomerie der Bromnitroderivate des Benzols von großer Wichtigkeit hätte sein können. Die so dargestellten Körper konnten nämlich verschieden oder identisch sein mit den durch Einwirkung von Salpetersäure auf die Brombenzole entstehenden Produkten. Z. B.:

Einwirkung von

Salpetersäure auf Brombenzole	Brom auf Nitrobenzole
Mononitro-Monobrombenzol	— Monobrom-Nitrobenzol,
Mononitro-Bibrombenzol	— Bibrom-Nitrobenzol,
Binitro-Monobrombenzol	— Brom-Binitrobenzol.

Der Versuch hat leider gezeigt, daß auf diesem Wege gar keine Bromnitrobenzole erhalten werden können. Das Brom wirkt nämlich bei gewöhnlicher Temperatur auf Nitrobenzol nicht ein, und selbst wenn man das Gemisch einen Monat lang dem stärksten Sonnenlicht aussetzt, ist keine Wirkung bemerkbar. Werden beide Substanzen dagegen in einer zugeschmolzenen Röhre einer höheren Temperatur ausgesetzt, so erfolgt Einwirkung, aber auch dann werden keine Bromsubstitutionsprodukte des Nitrobenzols gebildet, es [170] entstehen vielmehr nur Bromsubstitutionsprodukte des Benzols. Bei dieser Einwirkung wird außerdem keine Spur Bromwasserstoffsäure erzeugt, aber es wird eine große Menge Stickstoff in Freiheit gesetzt. Es ist danach einleuchtend, daß das Brom auf das Nitrobenzol nicht in gewöhnlicher Weise einwirkt, daß es nicht den Wasserstoff zu substituiren vermag. Die Reaktion verläuft vielmehr aller Wahrscheinlichkeit nach in folgender Weise: Das Brom ersetzt zunächst die Nitrogruppe und erzeugt so Monobrombenzol, während die Nitrogruppe als $(N\Theta_2)_2$ oder als $(N\Theta_2)Br$ austritt. Das überschüssige Brom wirkt dann auf das anfangs gebildete Monobrombenzol substituirend ein, es erzeugt bromreichere Substitutionsprodukte, während der austretende Wasserstoff von der Nitrogruppe zu Wasser verbrannt wird. Man könnte die Reaktion demnach durch folgende Gleichung deuten:

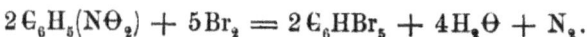

$$2\,\mathfrak{C}_6H_5(N\Theta_2) + 5\,Br_2 = 2\,\mathfrak{C}_6HBr_5 + 4\,H_2\Theta + N_2.$$

Die Nitrogruppe der Nitrosubstitutionsprodukte scheint also in ähnlicher Weise zu wirken, wie die Jodsäure bei der Jodirungsmethode, die ich früher angegeben habe, und nach welcher die oben beschriebenen Jodbenzole dargestellt worden sind.

Nach der eben mitgeteilten Gleichung hätte man erwarten dürfen, wesentlich Pentabrombenzol zu erhalten. Der Versuch hat indessen gezeigt, daß dieser Körper nur in geringer Menge gebildet wird, und daß das Produkt fast ausschließlich aus Tetrabrombenzol besteht. Ich muß übrigens bemerken, daß ich stets auf etwa 250° erhitzt habe, und es kann sehr wohl sein, daß die Zusammensetzung des Produktes wesentlich von der Temperatur abhängig ist, wie dies auch bei der Einwirkung von Brom auf das Benzol selbst der Fall zu sein scheint. Ein Teil der austretenden Nitrogruppe wird übrigens offenbar vom Benzol selbst zerstört, [171] wie dies die gebildete Kohlensäure beweist, die stets in geringer Menge dem Stickstoff beigemischt ist.

In Betreff der Eigenschaften der gebildeten Brombenzole begnüge ich mich mit wenigen Angaben. Die mit 17 g Nitrobenzol und 55 g Brom beschickten Röhren waren nach längerem Erhitzen auf 250° mit einer braunen Krystallmasse erfüllt, sie enthielten wenig Öl (unangegriffenes Nitrobenzol) und eine bemerkbare Menge Wasser. Die Krystalle wurden zunächst mit Alkali gewaschen, wiederholt mit kaltem Alkohol ausgezogen und dann systematisch mit Alkohol ausgekocht. Der kalte Alkoholauszug gab beim Verdunsten nur wenig Krystalle; die sechs siedenden Abkochungen dagegen lieferten beim Erkalten beträchtliche Mengen weißer Nadeln. Zuletzt blieb eine verhältnismäßig geringe Menge eines weißen, selbst in siedendem Alkohol nur sehr wenig löslichen Pulvers; es wurde aus einem heißen Gemisch von Benzol und Alkohol umkrystallisirt.

Die nach der Methode von *Carius* ausgeführten Brombestimmungen gaben folgende Zahlen:

I. Krystalle aus dem kalten Alkoholauszug. 0,1136 g gaben 0,2364 Bromsilber und 0,0046 Silber.

II. Krystalle aus dem ersten heißen Alkoholauszug. 0,2122 g gaben 0,3973 Bromsilber und 0,0050 Silber.

III. Dieselben mehrmals umkrystallisirt. 0,1335 g gaben 0,2502 Bromsilber und 0,0031 Silber.

IV. In derselben Weise gereinigte Krystalle einer anderen Darstellung. 0,2332 g gaben 0,4302 Bromsilber und 0,0092 Silber.

V. Krystalle aus dem sechsten heißen Alkoholauszug. 0,0989 g gaben 0,1869 Bromsilber und 0,0027 Silber.

VI. In siedendem Alkohol unlöslicher Teil, aus einem Gemisch von Benzol und Alkohol krystallisirt. 0,1260 g gaben 0,2459 Bromsilber und 0,0032 Silber.

Die aus diesen Analysen hergeleiteten Prozentzahlen zeigen deutlich, daß das Produkt der Einwirkung von Brom [172] auf Nitrobenzol wesentlich aus Tetrabrombenzol bestand, welchem wenig löslicheres Tribrombenzol und unlöslicheres Pentabrombenzol beigemischt waren. Man hat nämlich:

Gefunden aus	I.	II.	III.	IV.	V.	VI.
Br pC.	77,30	81,42	81,37	81,46	82,43	84,93.

Die drei Substitutionsprodukte des Benzols verlangen:

Tribrombenzol,	$C_6H_3Br_3$	76,19 pC. Br.
Tetrabrombenzol,	$C_6H_2Br_4$	81,21 pC. Br.
Pentabrombenzol,	C_6HBr_5	84,57 pC. Br.

Das Tetrabrombenzol ist wenig löslich in kaltem, leicht löslich in siedendem Alkohol. Es krystallisirt beim Erkalten der heißen Lösung in langen, atlasglänzenden, völlig weißen Nadeln. Der Schmelzpunkt wurde gefunden für Nr. II == 140°; für Nr. III == 137*).

Das Pentabrombenzol ist in kaltem Alkohol so gut wie unlöslich, es löst sich wenig in siedendem Alkohol, von Benzol wird es reichlich gelöst. Es krystallisirt am schönsten aus einem heißen Gemisch von Benzol und Alkohol; man erhält dann schöne seidenglänzende Nadeln, die ohne Zersetzung sublimirbar sind. Den Schmelzpunkt habe ich bis jetzt nicht bestimmt, er liegt jedenfalls höher als 240°.

In der Hoffnung, größerer Mengen von Pentabrombenzol zu erhalten, habe ich Binitrobenzol mit Brom erhitzt, aber auch hier wurde wesentlich Tetrabrombenzol und nur wenig Pentabrombenzol gebildet. Ich habe ferner Nitrobenzol mit

---

*) Für einzelne Präparate, deren Brombestimmung zu hohe Zahlen lieferte, wurde annähernd der von *Riche* und *Bérard* angegebene Schmelzpunkt beobachtet, nämlich ungefähr 160°.

Jod der Einwirkung höherer Temperaturen ausgesetzt, aber ohne eine Einwirkung beobachten zu können. Ich habe endlich Jod und Jodsäure in Anwendung gebracht; diesmal [173] wurde bei starker Hitze die organische Substanz vollständig zerstört.

Schließlich möchte ich die Aufmerksamkeit der Chemiker noch auf eine Beobachtung hinlenken, die mir nicht ohne Interesse zu sein scheint; es ist dies die folgende: nach allen bis jetzt bekannten Tatsachen scheinen diejenigen Substitutionsderivate des Benzols, in welchen drei Wasserstoffatome vertreten sind, leichter schmelzbar zu sein, als diejenigen, die sich durch Vertretung nur zweier Wasserstoffatome aus dem Benzol herleiten.

Das Trichlorbenzol wird als flüssig beschrieben, das Bichlorbenzol schmilzt bei 53°.

Das Tribrombenzol erhielt *Mitscherlich* nur flüssig; *Lassaigne* und ebenso *Riche* und *Bérard* konnten es krystallisiren; sein Schmelzpunkt ist bis jetzt nicht bestimmt, liegt aber jedenfalls sehr niedrig*). Das Bibrombenzol schmilzt bei 89°.

Das oben beschriebene Trijodbenzol hat den Schmelzpunkt 76°, während das Bijodbenzol erst bei 127° schmilzt.

Dieselbe Tatsache findet sich bei den drei Nitro-Brombenzolen, die ich oben beschrieben habe. Das Mononitro-Monobrombenzol schmilzt bei 126°; das Binitro-Monobrombenzol und das Mononitro-Bibrombenzol, die sich von ihm das eine durch $N\Theta_2$, das andere durch Brom unterscheiden, schmelzen niedriger; das erstere bei 72°, das zweite bei 84°.

[174] Ich habe oben schon angegeben, daß es mir unmöglich scheint, aus den bis jetzt über die Substitutionsprodukte des Benzols bekannten Tatsachen bestimmte Schlüsse über die Gleichwertigkeit oder Verschiedenheit der sechs Wasserstoffatome des Benzols herzuleiten. Ich bin im Augenblick mit Versuchen beschäftigt, welche diese Frage wohl ihrer Lösung

---

*) *Mayer* fand (vgl. dessen Abhandlung in d. Ann. d. Chem. u. Pharm. CXXXVII) für das aus Bibromphenol dargestellte Tribrombenzol den Schmelzpunkt 44°. Das so gewonnene Produkt scheint nach noch nicht völlig beendigten Versuchen · identisch mit dem aus Benzol dargestellten Tribrombenzol.

näher bringen werden. Vorerst bin ich geneigt, die sechs Wasserstoffatome des Benzols für gleichwertig zu halten, und ich will nur noch zeigen, daß die wenigen Fälle von Isomerie, die bis jetzt unter den Substitutionsprodukten des Benzols beobachtet worden sind, leicht aus der Verschiedenheit der relativen Stellung der den Wasserstoff ersetzenden Atome oder Radikale hergeleitet werden können, und daß sie nicht zu der Annahme nötigen, die sechs Orte, die im Benzol von Wasserstoff eingenommen sind, seien absolut ungleichwertig.

Versucht man, zunächst die chemischen Orte zu bestimmen, welche die Bromatome in dem aus dem Benzol durch direkte Substitution sich herleitenden Bromderivaten einnehmen, so kommt man zu folgendem Resultat:

Die sechs Wasserstoffatome des Benzols, resp. die Orte, welche sie einnehmen, sind gleichwertig; das Benzol kann also, wie dies oben geschah, durch ein Sechseck ausgedrückt werden. Das erste eintretende Bromatom tritt an irgend einen der sechs gleichwertigen Orte; die entstehenden Produkte können nur einer Art sein, und man kann also sagen, das Brom befinde sich am Ort a. Für das Bibrombenzol wirft sich nun die Frage auf: an welchen Ort tritt das zweite Bromatom. Diese Frage wird, wie mir scheint, mit ziemlicher Sicherheit durch folgende Betrachtung entschieden. Die Atome innerhalb eines Moleküls machen ihre chemische Anziehung auf eine gewisse Entfernung hin geltend; daß ein gewisser Ort leicht von Brom eingenommen [175] werden kann, hat seinen Grund eben darin, daß die in einer gewissen Sphäre um ihn liegenden Atome eine überwiegende Anziehung auf Brom ausüben. Ist ein bestimmter Ort innerhalb eines Moleküls von Brom eingenommen, so sind dadurch alle innerhalb der Anziehungssphäre dieses Bromatoms liegenden anderen Atome in bezug auf ihre Anziehung zu Brom gesättigt, oder diese Anziehung ist wenigstens geschwächt. Ein zweites in das Monobromderivat eintretende Bromatom wird also die Nähe des schon vorhandenen Broms möglichst vermeiden; es wird einen möglichst entfernten Ort aufsuchen, weil dort die Summe der noch wirksamen Anziehungen eine möglichst große ist. Das aus dem Monobrombenzol (a) durch direkte Substitution entstehende Bibrombenzol wird also die beiden Bromatome an den Orten a und d enthalten.

In diesem Bibrombenzol (a, d) sind die vier noch von Wasserstoff eingenommenen Orte gleichwertig; bei Bildung des

Tribrombenzols wird das neu eintretende Bromatom also irgend einen der vier Orte b, c, e, f einnehmen; die entstehenden Produkte aber können nur einer Art sein; sie enthalten zwei Bromatome benachbart, das dritte dem einen dieser beiden entgegengesetzt gestellt. Das Tribrombenzol kann also als a, b, d bezeichnet werden.

Dieselben Betrachtungen zeigen, daß ein weiteres in das Tribrombenzol eintretende Bromatom notwendig an den Ort e treten muß; das Tetrabrombenzol ist also a, b, d, e usw.

Bromderivate des Benzols können nun außerdem aus Phenol und dessen Bromsubstitutionsprodukten erhalten werden. Für die so erzeugten Substanzen führt die Bestimmung des chemischen Orts zu folgendem Schluß.

Nimmt man in dem Phenol den Wasserrest HΘ bei a, so enthält das aus ihm entstehende Monobrombenzol sein Brom ebenfalls bei a. Bei Bildung des einfach-gebromten [176] Phenols muß nach ganz denselben Betrachtungen, die oben für das Bibrombenzol dargestellt wurden, das eintretende Brom einen von dem Wasserrest HΘ möglichst entfernten Ort aufsuchen; es tritt also an d, und das aus dem Monobromphenol austretende Bibrombenzol ist demnach a, d.

Wirkt auf das Monobromphenol, in welchem die Gruppe HΘ bei a, das Brom bei d befindlich ist, von neuem Brom ein, so wird das eintretende Bromatom das stark saure Brom mehr vermeiden, als das weniger saure Hydroxyl; es muß also an b oder an f treten, und das aus diesem Bibromphenol erzeugbare Tribromphenol ist daher a, b, d.

Stellt man durch Einwirkung von Brom auf Bibromphenol das Tribromphenol dar, so wird das neu eintretende Brom wesentlich die beiden vorhandenen Bromatome vermeiden, es ist also auf den Platz f angewiesen, und das aus Tribromphenol durch Phosphorbromid darstellbare Tetrabrombenzol muß demnach a, b, d, f sein usw.

Diese Betrachtungen zeigen, daß die aus dem Benzol einerseits und aus dem Phenol andererseits darstellbaren Bromderivate des Benzols zum Teil identisch, daß aber die durch beide Reaktionen erzeugbaren Tetrabrombenzole verschiedene sein müssen. Man hat nämlich:

	aus Benzol	aus Phenol
Monobrombenzol	a	a
Bibrombenzol	a, d	a, d
Tribrombenzol	a, b, d	a, b, d
Tetrabrombenzol	a, b, d, e	a, b, d, f
usw.		

Die von *Mayer* angestellten Versuche*) haben in der Tat gezeigt, daß das durch Einwirkung von Phosphorbromid auf Tribromphenol entstehende Tetrabrombenzol verschieden [177] ist von dem Tetrabrombenzol, welches aus Benzol oder Nitrobenzol durch substituirende Einwirkung von Brom erhalten wird.

Sollten sich diese Betrachtungen durch Bearbeitung anderer analoger Fälle bestätigen, so könnte man sich für die Brom-derivate des Benzols der folgenden Formeln bedienen:

$$\text{Benzol } \mathfrak{C}_6 H^f H^e H^d H^c H^b H^a,$$

Monobrombenzol	$\mathfrak{C}_6 H_5 Br,$
Bibrombenzol	$\mathfrak{C}_6 H_2 Br H_2 Br,$
Tribrombenzol	$\mathfrak{C}_6 H_2 Br H Br_2,$
Tetrabrombenzol (aus Benzol)	$\mathfrak{C}_6 H Br_2 H Br_2,$
» (aus Phenol)	$\mathfrak{C}_6 Br H Br H Br_2$ oder: $\mathfrak{C}_6 H Br H Br_3.$

Ganz ähnliche Betrachtungen erklären die Isomerie der zwei für das Mononitro-Monobrombenzol bekannten Modifikationen, von welchen oben die Rede war.

Ich lege diesen Betrachtungen nicht mehr Wert bei, als sie verdienen, und ich glaube, daß noch viel Arbeitskraft auf-gewendet werden muß, bis derartige Spekulationen für etwas anderes gehalten werden können, als für mehr oder weniger elegante Hypothesen; aber ich glaube doch, daß wenigstens versuchsweise Betrachtungen der Art in die Chemie eingeführt werden müssen. Obgleich wir dermalen einer wirklich mecha-nischen Auffassung in der Chemie noch entbehren, so scheint es mir doch, als müsse und als könne bei dem jetzigen Stand unserer Wissenschaft eine mechanische Betrachtungsweise wenig-stens angestrebt werden.

---

*) Vgl. dessen Abhandlung in den Annalen der Chemie und Pharmazie. CXXXVII, 2. Heft.

[178]

III. Synthese aromatischer Säuren. Benzoësäure, Toluylsäure, Xylylsäure.

Die Synthese organischer Säuren durch Addition von Kohlensäure oder, bestimmter ausgedrückt, durch Addition des Ameisensäurerestes CO_2H, an Kohlenwasserstoffradikale hat schon seit lange und mit Recht in ganz besonderem Grade das Interesse der Chemiker erregt. *Frankland* und *Kolbes* epochemachende Entdeckung der Bildung der fetten Säuren aus den Cyaniden der Alkoholradikale gab das Prinzip einer Methode der Art; und wir wissen jetzt durch die Versuche von *Cannizzaro* und von *Rossi*, daß dasselbe Prinzip auch die Darstellung aromatischer Säuren aus entsprechenden kohlenstoffärmeren Alkoholen gestattet, während andererseits *Simpson* gelehrt hat, daß auch die Dicyanide zweiatomiger und die Tricyanide dreiatomiger Kohlenwasserstoffradikale in entsprechender Weise in zweibasische und in dreibasische Säuren umgewandelt werden können.

Ein zweiter Weg der Synthese der fetten Säuren ergab sich aus der merkwürdigen, von *Wanklyn* gemachten Beobachtung, daß die Verbindungen der Alkalimetalle mit Alkoholradikalen sich direkt mit Kohlensäure vereinigen. Die schöne Synthese von *Kolbe* und *Lautemann* beruht im wesentlichen auf demselben Prinzip; und auch die elegante Methode, nach welcher *Harnitz-Harnitzky*[13]) in neuerer Zeit die fetten und die aromatischen Säuren aus den nächst-kohlenstoffärmeren Kohlenwasserstoffen darzustellen gelehrt hat, gehört in dieselbe Gruppe synthetischer Reaktionen.

In dieselbe Gruppe gehört auch die im nachfolgenden beschriebene Methode der Synthese aromatischer Säuren. Sie ist im wesentlichen eine Umkehrung der Methode von [179] *Harnitz-Harnitzky*, aber sie hat, wie ich gleich zeigen werde, vor dieser einen für die Theorie nicht unwesentlichen Vorzug.

Ich will zunächst das Prinzip der Methode andeuten, indem ich den Gedankengang hierhersetze, der ihre Auffindung veranlaßt hat. Es ist kaum zu erwarten, daß ein so indifferenter Körper, wie die Kohlensäure, selbst bei Anwesenheit von Natrium, auf so beständige Substanzen, wie die Kohlenwasserstoffe der Benzolreihe, eine Einwirkung ausüben werde. Wenn man aber in diesen Kohlenwasserstoffen zunächst ein Atom Wasserstoff durch Brom ersetzt und die so dargestellten

Substitutionsprodukte dann der gleichzeitigen Einwirkung des Natriums und der Kohlensäure aussetzt, so wird das Brom gewissermaßen einen Angriffspunkt für die chemischen Anziehungen darbieten, es wird also zunächst die Verbindung hervorrufen, und es wird außerdem der Kohlensäure den Ort bezeichnen, an welchen sie notwendig eintreten muß.

Man versteht jetzt den Vorzug meiner Methode vor der von *Harnitz-Harnitzky* angegebenen. *Harnitz* verwendet statt des Kohlensäureanhydrids das wirksamere Karbonylchlorid, er hat so Einwirkung auf die Kohlenwasserstoffe selbst, aber die Seitenkette CO_2H wählt sich selbst ihren Ort; man kann diesen Ort weder vor, noch nach der Reaktion bestimmen, und das Produkt ist demnach nicht mit verwandten Stoffen vergleichbar. Bei der von mir angewandten Methode bestimmt das Brom den Ort, an welche die Seitenkette eintritt, und man kann also die gebildete Säure in bezug auf Molekularkonstitution mit anderen verwandten Substanzen vergleichen.

Ein Beispiel wird deutlicher zeigen, was ich meine. Man stellt aus Benzol durch Substitution Brombenzol dar; man findet andererseits, daß das Phenol bei Einwirkung von [180] Phosphorbromid die Gruppe OH gegen Brom austauscht, um dasselbe Brombenzol zu erzeugen. Wenn dann weiter das Brombenzol bei Behandlung mit Natrium und Kohlensäure Benzoësäure bildet, so ist damit der Beweis geliefert, daß in der Benzoësäure die Seitenkette CO_2H genau an demselben Orte steht, der im Phenol von der Gruppe OH und im Brombenzol von Brom eingenommen wird.

Beide Methoden müssen übrigens gestatten, aus jedem Kohlenwasserstoff der Benzolreihe eine aromatische Säure darzustellen, welche die Gruppe CO_2H in Verbindung mit dem Kohlenstoff des Kernes C_6 enthält. Sollten für die einfach-gebromten wahren Substitutionsprodukte mehrere Modifikationen existiren, so würde die von mir angegebene Methode voraussichtlich die Darstellung einer ebenso großen Anzahl isomerer Säuren ermöglichen.

Die Synthese aromatischer Säuren, in welchen die Gruppe CO_2H als Verlängerung einer schon vorhandenen Seitenkette enthalten ist, scheint nach der angegebenen Methode nicht ausführbar; wenigstens ist es mir bis jetzt nicht gelungen, das Benzylbromür durch Behandlung mit Natrium und Kohlensäure in Alphatoluylsäure überzuführen. Jedenfalls bleibt, wenn die Synthese aller der Theorie nach denkbaren aromatischen Säuren möglich sein soll, immer noch eine Reaktion aufzufinden, welche die Synthese dieser Säuren dann ermöglicht, wenn die entsprechenden, um 1 Atom C ärmeren Alkohole nicht bekannt sind.

Synthese der Benzoësäure. — Da diese und alle ähnlichen Synthesen verhältnismäßig langsam verlaufen und demnach eine beträchtliche Menge von Kohlensäure erfordern, so war zunächst die Aufstellung eines Apparates nötig, der mit Leichtigkeit fast unbeschränkte Mengen von Kohlensäure zu liefern vermag. Der Apparat, dessen ich mich bediente, ist auch ohne Zeichnung leicht verständlich; er besteht aus [181] zwei großen Glasfässern von etwa 15 Litern Inhalt, und er liefert leicht einen während 24 und selbst 48 Stunden andauernden Kohlensäurestrom, der durch eine Klemmschraube regulirt werden kann. Die Kohlensäure wird zunächst gewaschen und wenn nötig durch Schwefelsäure getrocknet. Die Reaktion verläuft in einem langhalsigen Ballon; ein aufsteigendes Kühlrohr ist dazu bestimmt, die vom Gasstrom weggerissenen Flüssigkeiten wenigstens teilweise zurückzuhalten.

Zur Synthese der Benzoësäure habe ich das Brombenzol anfangs mit reinem Äther verdünnt; ich habe später die Anwendung von (bei etwa 92° 14) siedendem) Benzol zweckmäßiger gefunden. Man trägt gleich von Anfang etwas mehr als die der Theorie nach nötige Menge Natrium in kleinen Stückchen ein und erwärmt im Wasserbad. Das Natrium bedeckt sich bald mit einer blauen Kruste und zerfällt allmählich zu einem blauen Schlamm. Wenn die Reaktion beendigt ist, löst man in Wasser, entfernt die ölartigen Nebenprodukte durch Filtration und fällt die Lösung durch Salzsäure. Das in Wasser unlösliche Öl enthält neben Benzol und unzersetztem Brombenzol auch Diphenyl und, wie es scheint, benzoësaures Phenyl und Benzophenon.

Da die Ausbeute verschiedener Operationen sehr ungleich war, habe ich, um den Mechanismus der Reaktion genauer verfolgen zu können, einerseits mit völlig trockenen Materialien gearbeitet und andererseits feuchte Kohlensäure in Anwendung gebracht. Die Ausbeute war bei Anwesenheit von Feuchtigkeit entschieden größer, und obgleich die Reaktion durch folgende Gleichung ausgedrückt werden kann:

$$C_6H_5Br + Na_2 + CO_2 = C_6H_5 \cdot CO_2Na + NaBr,$$

so scheint doch anwesendes Wasser als Vermittler der Reaktion die Bildung der Benzoësäure zu erleichtern.

[182] Die synthetisch dargestellte Benzoësäure krystallisirt aus heißer wässeriger Lösung in sehr kleinen Nadeln; eine Tatsache, die häufig bei nicht völlig reiner Säure beobachtet wurde, und die die Chemiker längere Zeit dazu veranlaßt hat, die Existenz einer mit der gewöhnlichen Benzoësäure isomeren Säure, der Salylsäure, anzunehmen. Bei Sublimation erhält man jene glatten Nadeln, welche die gewöhnliche Benzoësäure charakterisiren, und die durch Sublimation gereinigte Säure krystallisirt dann auch aus Wasser wie gewöhnliche Benzoësäure.

Ich habe mich durch die Analyse davon überzeugt, daß die synthetisch dargestellte Säure wirklich die Zusammensetzung der Benzoësäure besitzt. Der Schmelzpunkt wurde für die sublimirte Säure bei 120°, für die aus Wasser krystallisirte bei 119° gefunden. Die synthetische Benzoësäure riecht ähnlich wie die aus Harn dargestellte.

Ich habe, bis jetzt freilich ohne Resultat, auch das Bibrombenzol der gleichzeitigen Einwirkung von Natrium und Kohlensäure ausgesetzt. Es könnte so eine Säure von der Zusammensetzung der Terephtalsäure erzeugt werden:

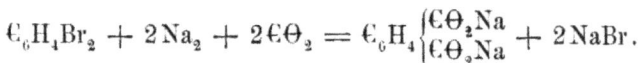

$$C_6H_4Br_2 + 2Na_2 + 2CO_2 = C_6H_4\begin{Bmatrix}CO_2Na \\ CO_2Na\end{Bmatrix} + 2NaBr.$$

Vielleicht verläuft die Reaktion in zwei Phasen; oder sie hält möglicherweise bei der ersten ein:

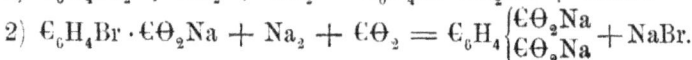

$$1)\; C_6H_4Br_2 + Na_2 + CO_2 = C_6H_4Br \cdot CO_2Na + NaBr.$$

$$2)\; C_6H_4Br \cdot CO_2Na + Na_2 + CO_2 = C_6H_4\begin{Bmatrix}CO_2Na \\ CO_2Na\end{Bmatrix} + NaBr.$$

Die zweite Gleichung zeigt jedenfalls, daß auch die Substitutionsprodukte aromatischer Säuren (oder wahrscheinlicher ihre Äther) einer ähnlichen Synthese fähig sein können.

Synthese der Toluylsäure. — Das zu meinen Versuchen angewandte Toluol war aus Steinkohlenteeröl dargestellt, [183] und zwar aus einer Flüssigkeit, die mein Freund *Donny* bei fabrikmäßiger Darstellung zwischen 100 und 120° aufgefangen hatte. Durch öftere Rektifikation wurde der bei 108 bis 115° siedende Teil abgeschieden; er wurde in Toluolschwefelsäure übergeführt und diese durch trockene Destillation zersetzt. Nach vielfachen Versuchen habe ich dieser von *Beilstein* für das Xylol vorgeschlagenen Reinigungsmethode den Vorzug gegeben; sie ist mit beträchtlichem Verlust verbunden, aber sie scheint mir die einzige, die wirklich reines Toluol liefert. Ich will noch erwähnen, daß das (rohe) Toluol selbst durch englische Schwefelsäure in Toluolschwefelsäure übergeführt werden kann, aber die Einwirkung ist verhältnismäßig langsam und erfolgt erst beim Erwärmen mit Leichtigkeit. Verwendet man ein Gemenge von englischer Schwefelsäure mit etwa $1/3$ rauchender, so erfolgt die Verbindung rasch und unter starker Erwärmung. Die Toluolschwefelsäure krystallisirt ausnehmend leicht; hat man englische Schwefelsäure angewandt, so erstarrt häufig die ganze Masse krystallinisch; bei Anwendung von rauchender Schwefelsäure bilden sich die Krystalle erst bei Anziehung von Wasser. Die rohe Toluylschwefelsäure wird dann mit Wasser verdünnt, das aufschwimmende Öl abgehoben und durch Destillation in einem Strom von Wasserdampf das in der Flüssigkeit gelöste Öl entfernt. Nach dem Eindampfen destillirt dann, neben Wasser, Toluol, das mit Alkali gewaschen, durch Chlorcalcium getrocknet und durch mehrmalige Rektifikation gereinigt wird. Für das reine Toluol fand ich den Siedepunkt 111,5 bis 112° (dabei war n = 92, t = 26; der korrigirte Siedepunkt demnach 112,7 bis 113,2°).

Das Bromtoluol ist, wie *Fittig* und *Glinzer* schon angeben*), sehr leicht darzustellen; es bildet sich rasch [184] und unter reichlicher Entwicklung von Bromwasserstoffsäure, wenn man Brom in Toluol einfließen läßt. (Um bei dieser und ähnlichen Darstellungen nicht von der Bromwasserstoffsäure belästigt zu werden, und um dieselbe nicht zu verlieren, habe ich mich mit Vorteil der früher beschriebenen**) Absorptionsflasche bedient.) Man wäscht mit kaltem Alkali, destillirt über eine konzentrirte Lösung von Ätzkali oder Ätznatron, trocknet mit Chlorcalcium und rektifizirt. Für das reine Bromtoluol wurde bei verschiedenen Darstellungen der Siedepunkt zu 182,5 und 183° beobachtet. (Dabei war: n = 120°, t = 45°; die korrigirten Siedepunkte sind also: 185 und 185,5°.

Die Synthese der Toluylsäure wurde in derselben Weise ausgeführt, wie dies oben bei der Benzoësäure angegeben ist. Die synthetisch dargestellte Toluylsäure ist in kaltem und in siedendem Wasser weniger löslich als die Benzoësäure. Sie

---

*) Annalen d. Chem. u. Phys. CXXXIII, 47.
**) Daselbst CXXX, 15, Anmerk.

krystallisirt beim Erkalten der heißen wässerigen Lösung in
kleinen weißen Nadeln, die sich leicht in Alkohol und in Äther
lösen; durch Verdunsten dieser Lösungen erhält man größere
Krystalle. Sie sublimirt leicht, und zwar bei rascher Sublimation in feinen Nadeln, bei langsamer Sublimation in glän-
zenden Prismen. Der Schmelzpunkt der sublimirten sowohl,
wie der aus Wasser krystallisirten Säure wurde bei 175 bis
175,5° gefunden.

Die folgende Analyse zeigt, daß die synthetisch dargestellte Säure wirklich die Zusammensetzung der Toluylsäure
besitzt.

0,1350 g gaben 0,3487 Kohlensäure und 0,0721 Wasser.

		Theorie	Versuch
C_8	96	70,58	70,44
H_8	8	5,89	5,93
O_2	32	23,53	—
	136	100,00.	

[185] Ich habe die synthetisch dargestellte Toluylsäure bis
jetzt nicht mit der gewöhnlichen Toluylsäure vergleichen können;
ich vermute indes, daß sie identisch ist mit der Säure, welche
Noad*) schon 1847 aus Cymol (Propylmethylbenzol) gewann,
und die *Beilstein* und *Yssel de Schepper***) neuerdings aus
Xylol (Dimethylbenzol) erhielten. Der Schmelzpunkt dieser
Säuren ist bis jetzt nicht sicher festgestellt; *Noad* gibt nur an,
daß seine Säure erst über 100° schmelze. Die Alphatoluylsäure ist entschieden von der synthetisch dargestellten Säure
verschieden, sie schmilzt bei etwa 76°.

Die beiden synthetisch dargestellten Toluylsäuren müssen
übrigens ihrer Bildung nach notwendig verschieden sein.
*Cannizzaro*s Alphatoluylsäure enthält, da sie aus dem Benzylalkohol gewonnen wird, die Gruppe CO_2H offenbar als Verlängerung der schon vorhandenen Seitenkette; bei der von mir
dargestellten Säure ist die Gruppe CO_2H an die Stelle des
Broms getreten, welches im Bromtoluol ein Atom Wasserstoff
der Hauptkette ersetzt, und die Säure enthält daher offenbar
zwei Seitenketten:

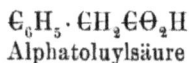

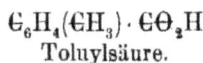

$$C_6H_5 \cdot CH_2CO_2H \qquad\qquad C_6H_4(CH_3) \cdot CO_2H$$
Alphatoluylsäure   Toluylsäure.

---

*) Annalen d. Chem. u. Pharm. LXIII, 287.
**) Zeitschrift für Chemie, neue Folge, I, 212.

Synthese der Xylylsäure. — Das zu meinen Versuchen angewandte Xylol war aus Steinkohlenteer, und zwar aus einem von *Donny* bei fabrikmäßiger Darstellung aufgefangenen Kohlenwasserstoff dargestellt; es wurde genau nach der bei Toluol angegebenen Methode gereinigt. Für das reine Xylol fand ich den Siedepunkt 140,5° (der ganze Quecksilberfaden im Dampf; *Beilstein* und *Wahlforß* geben den Siedepunkt zu 139° an).

[186] Das von *Beilstein* und *Wahlforß* schon beschriebene Bromxylol ist sehr leicht darzustellen; sein Siedepunkt wurde zu 207,5° gefunden (t = 45°, n = 150°, also korrigirt 211,2°; *Beilstein* und *Wahlforß* fanden 212°).

Für die Synthese der Xylylsäure verfuhr ich genau nach der bei Benzoësäure und Toluylsäure beschriebenen Methode, nur wurde das Bromxylol mit einem bei etwa 120° siedenden Kohlenwasserstoff aus Steinkohlenteeröl verdünnt, weil mir bei höheren Temperaturen die Einwirkung energischer zu sein schien; es ist mir indessen bis jetzt nicht gelungen, die Bedingungen aufzufinden, in welchen eine auch nur annähernd quantitative Umwandlung des Bromxylols in die entsprechende Säure stattfindet. Aus der wässerigen Lösung des Produktes fällt Salzsäure direkt weiße, aus feinen Nadeln bestehende Flocken. Durch Umkrystallisiren aus heißem Wasser erhält man die Säure rein.

Die Xylylsäure ist in kaltem Wasser fast unlöslich, und auch in siedendem Wasser löst sie sich weit weniger als Benzoësäure; sie ist leicht löslich in Äther und Alkohol. Aus siedendem Wasser scheidet sie sich beim Erkalten in weißen Nadeln aus. Sie sublimirt leicht in Nadeln. Die sublimirte und die aus Wasser krystallisirte Säure schmolzen beide bei 122°. Ich habe mich durch die Analyse überzeugt, daß der Säure wirklich die Zusammensetzung $C_9H_{10}O_2$ zukommt; ich will indes die spezielleren Angaben auf eine spätere Mitteilung verschieben, in welcher ich einige Salze der Xylylsäure zu beschreiben und die Säure selbst mit isomeren Substanzen zu vergleichen beabsichtige.

Ich habe die aus Bromxylol synthetisch dargestellte Säure als Xylylsäure bezeichnet, um daran zu erinnern, daß sie zum Xylol in derselben Beziehung steht wie die Toluylsäure zum Toluol und wie die Benzoësäure zum Benzol.

[187] Der Theorie nach müssen, wie im ersten Teil dieser Mitteilungen schon erwähnt wurde, vier isomere Säuren von der Formel $C_9H_{10}O_2$ existiren [15]). Es sind:

$$C_9H_{10}O_2 = C_6H_3(CH_3)_2 \cdot CO_2H \qquad = \text{Dimethylphenylameisen-}$$
$$\text{säure (Xylylsäure),}$$

$$\text{»} \quad = C_6H_4(C_2H_5) \cdot CO_2H \qquad = \text{Äthylphenylameisensäure}$$
$$\text{(unbekannt),}$$

$$\text{»} \quad = C_6H_4(CH_3) \cdot CH_2 \cdot CO_2H = \text{Methylphenylessigsäure}$$
$$\text{(unbekannt),}$$

$$\text{»} \quad = C_6H_5 \cdot C_2H_4 \cdot CO_2H \qquad = \text{Phenylpropionsäure (Ho-}$$
$$\text{motoluylsäure oder}$$
$$\text{Hydrozimmtsäure).}$$

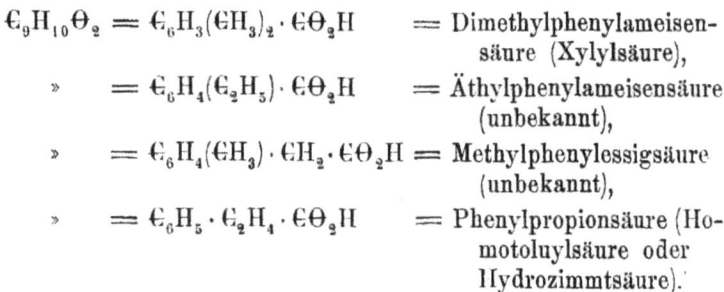

Die eben beschriebene Xylylsäure ist offenbar die erste Modifikation; es ist Dimethylphenylameisensäure; sie ist mit der Toluylsäure und der Benzoësäure in demselben Sinne homolog wie das Xylol mit Toluol und Benzol. Ich bin eben damit beschäftigt, aus dem synthetisch dargestellten Äthylbenzol die zweite Modifikation, die Äthylphenylameisensäure, darzustellen; und ich werde dann eine Methode aufsuchen, nach welcher die Darstellung der Methylphenylessigsäure (Methyl-α-toluylsäure) möglich wird. Die vierte der oben angeführten Modifikationen ist bereits bekannt, sie ist die aus Zimmtsäure dargestellte Homotoluylsäure (Hydrozimmtsäure).

Besonderes Interesse bieten noch die Oxydationsprodukte der Xylylsäure, mit deren Untersuchung ich eben beschäftigt bin. Der Theorie nach sollten zwei neue Säuren erhalten werden, von welchen die eine mit Terephtalsäure homolog ist, während die andere einer neuen Gruppe von Säuren, den aromatischen Tricarbonsäuren, zugehört. Dieselben Produkte, und vielleicht die Xylylsäure selbst, werden *Beilstein* und *Kögler* voraussichtlich bei der Oxydation des aus Steinkohlenteer dargestellten Cumols (Trimethylbenzol, Pseudocumol von *de la Rue* und *Müller*) erhalten, mit [188] deren Untersuchung sie, einer vorläufiger Mitteilung nach*), dermalen beschäftigt sind. Man hat:

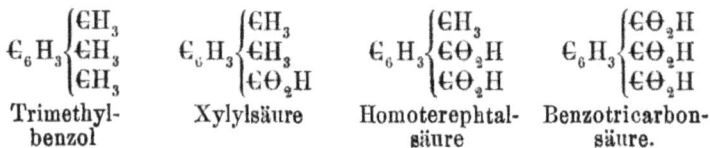

$$C_6H_3\begin{cases}CH_3\\CH_3\\CH_3\end{cases} \qquad C_6H_3\begin{cases}CH_3\\CH_3\\CO_2H\end{cases} \qquad C_6H_3\begin{cases}CH_3\\CO_2H\\CO_2H\end{cases} \qquad C_6H_3\begin{cases}CO_2H\\CO_2H\\CO_2H\end{cases}$$

| Trimethyl-benzol | Xylylsäure | Homoterephtal-säure | Benzotricarbon-säure. |

---

*) Zeitschrift für Chemie, neue Folge, I, 277.

IV. Bromtoluol und Benzylbromid.

Die im folgenden beschriebenen Versuche haben an sich nur untergeordneten Wert; sie gewinnen ihre Bedeutung dadurch, daß sie einen Fundamentalversuch zur Kritik der im ersten Abschnitt dieser Mitteilungen zusammengestellten theoretischen Ansichten abgeben.

Die schönen Versuche, welche *Fittig* zur Synthese der mit dem Benzol homologen Kohlenwasserstoffe geführt haben, sind noch frisch im Gedächtnis der Chemiker. In der Absicht, gemischte Radikale darzustellen, gebildet einerseits aus den Radikalen der gewöhnlichen Alkohole, andererseits aus den Radikalen der Phenole oder der aromatischen Alkohole, hatte *Fittig* ein Gemenge zweier Bromide oder Jodide mit Natrium behandelt, ähnlich wie dies *Wurtz* früher für die intermediären Alkoholradikale aus der Klasse der Fettkörper getan hatte. Er hatte in Gemeinschaft mit *Tollens* das Methylphenyl und das Äthylphenyl dargestellt; das erstere zeigte sich identisch mit Toluol, das zweite dagegen wurde als verschieden von Xylol erkannt, und sie sprachen daher die Vermutung aus, daß das gleich zusammengesetzte Methylbenzyl von dem Äthylphenyl verschieden, aber mit dem [189] Xylol identisch sein werde. Er sagt dann*): »Ich habe seitdem in Gemeinschaft mit Herrn *Glinzer* durch Zersetzung eines Gemisches von Bromtoluol und Jodmethyl das Methylbenzyl dargestellt und in der Tat gefunden, daß es verschieden von Äthylphenyl, aber identisch mit Xylol ist.« Die von *Fittig* gebrauchten Namen schließen, wie mir scheint, den folgenden Ideengang ein: Da nach den Versuchen von *Cannizzaro* das Chlortoluol identisch ist mit Benzylchlorid, so wird auch das Bromtoluol identisch sein mit Benzylbromid, und man kann also das leichter zugängliche Bromtoluol statt des Benzylbromids zur Darstellung von Benzylverbindungen verwenden.

Niemand wird diesen Schluß unlogisch finden, und wenn das Resultat nicht mit meinen Theorien im Widerspruch stünde, so würde auch ich mich nicht dazu entschlossen haben, das Experiment zu Rate zu ziehen; denn nur der Versuch konnte zeigen, daß jener Schluß falsch ist, obgleich er logisch scheint. Die Tatsachen heißen nämlich so: obgleich das Chlortoluol,

---

*) Annalen d. Chem. u. Pharm. CXXXIII, 47.

nach *Cannizzaro*, identisch ist mit Benzylchlorid, so ist dennoch das Bromtoluol vom Benzylbromid verschieden, und man
kann daher das erstere nicht statt des letzteren anwenden,
man kann aus Bromtoluol keine Benzylverbindungen darstellen.

Man versteht leicht die fundamentale Wichtigkeit dieser
Verschiedenheit für meine Theorie. Wäre das Bromtoluol
identisch mit Benzylbromid, so könnte das Xylol, da es *Fittig*
als identisch mit dem von ihm dargestellten Methylbenzyl erkannt hat, nicht als Dimethylbenzol angesehen werden, wie
dies die oben entwickelte Theorie der Eigenschaften und der
Abkömmlinge des Xylols wegen tut. Im Benzylbromid nämlich muß das Brom notwendig in der [**190**] Seitenkette angenommen werden; das Benzylbromid ist Phenylomethylbromid.
Wird es mit Methyljodid und Natrium behandelt, so muß sich,
wenn überhaupt Reaktion eintritt, das Methyl an die Stelle des
Broms, also an die Seitenkette anlagern; das entstehende Radikal
Methyl-Benzyl ist also Phenylomethylmethyl, es ist wahrscheinlich identisch mit Äthyl-Benzol; aber es kann, weil es eine
Seitenkette enthält, sicher nicht identisch sein mit Xylol, in
dem jedenfalls zwei Seitenketten angenommen werden müssen.

Daß das Bromtoluol bei Behandlung mit Methyljodid und
Natrium Xylol liefert, hat nichts auffallendes. Das Bromtoluol
ist ein Substitutionsprodukt des Methylbenzols; es enthält das
Brom in der Hauptkette; das Methyl tritt also ebenfalls in diese,
und es entsteht so Dimethylbenzol (Xylol).

Nach diesen einleitenden Bemerkungen kann ich in Be-
schreibung der Versuche kurz sein.

A. Benzylbromid. — Man erhält das Benzylbromid leicht
durch direkte Einwirkung von Bromwasserstoff auf Benzylalkohol.
Da es mir wesentlich darauf ankam, ein reines Produkt unter
den Händen zu haben, so habe ich zunächst aus völlig ge-
reinigtem Bittermandelöl reinen Benzylalkohol dargestellt. Dieser
wurde dann mit einer kalt gesättigten Lösung von Bromwasserstoff vermischt, wobei lebhafte Erwärmung eintrat. Nach einiger
Zeit wurde die Flüssigkeit, um allen Benzylalkohol in Bromid
umzuwandeln, nochmals mit Bromwasserstoffgas gesättigt und
unter öfterem Umschütteln mehrere Tage sich selbst überlassen.
Dann wurde die untere Schicht, die aus rauchender Bromwasserstoffsäure bestand, abgezogen, die obere mit Wasser und Alkali
gewaschen, über Chlorcalcium getrocknet und rektifizirt. Schon
bei der ersten Destillation ging alles, mit Ausnahme eines
höchst unbedeutenden Rückstandes, zwischen 197 und 199,5°

über; das Sieden begann bei 197° und das [**191**] Thermometer stieg sehr rasch auf 198,5°. Der bei 199° überdestillirte Anteil, etwa $^2/_3$ des Ganzen, wurde nochmals mit Chlorcalcium geschüttelt und von neuem rektifizirt. Das Sieden begann wieder bei 197°, und die ganze Flüssigkeit destillirte zwischen 197 und 199,5° über. Ich glaube danach den Siedepunkt des Benzylbromids bei 198 bis 199° annehmen zu können (oder korrigirt 201,5 bis 202,5°). Ich muß übrigens noch erwähnen, daß bei jeder neuen Destillation des Benzylbromids etwas Bromwasserstoffsäure entweicht, und daß die Substanz selbst an der Luft etwas raucht.

Das Benzylbromid ist eine farblose Flüssigkeit; es besitzt im ersten Moment einen angenehm aromatischen Geruch, der anfangs an Kresse und bald an Senföl erinnert; seine Dämpfe reizen dann in furchtbarer Weise zu Tränen. Das spez. Gewicht wurde gefunden: 1,4380 bei 22° (bezogen auf Wasser von 0°).

Das Benzylbromid zeigt ausnehmend leicht doppelte Zersetzung. Bringt man es in alkoholischer Lösung mit essigsaurem Silber zusammen, so entsteht schon in der Kälte rasch Bromsilber, und bei gelindem Erwärmen ist die Reaktion in wenig Augenblicken beendet. Genau ebenso verhält sich die alkoholische Lösung des Benzylbromids gegen Alkoholnatrium oder alkoholische Kalilösung, gegen essigsaures Kalium, Cyankalium, Schwefelkalium usw. In allen Fällen tritt schon in der Kälte Wirkung ein, und bei gelindem Erwärmen verläuft die Reaktion sehr rasch.

Am auffallendsten ist die Einwirkung des Ammoniaks. Vermischt man Benzylbromid mit dem doppelten oder dreifachen Volumen einer kalt gesättigten Lösung von Ammoniak in Alkohol, so tritt rasch Erwärmung ein, und nach wenigen Minuten erstarrt die ganze Masse zu einem Krystallbrei von Tribenzylamin. Da dieser schöne, von *Cannizzaro* ausführlich untersuchte Körper sehr leicht zu erkennen ist, [**192**] so habe ich vorgezogen, diese wertvollen Präparate (Benzylamin, salzsaures Salz, Platinsalz) aufzubewahren, statt sie überflüssigen Analysen zu opfern.

B. Bromtoluol. — Die Darstellung des Bromtoluols ist oben gelegentlich der Synthese der Toluylsäure beschrieben worden. Es ist eine farblose Flüssigkeit, die schwach aromatisch, dem Toluol etwas ähnlich riecht; seine Dämpfe reizen zwar etwas, aber sehr unbedeutend zu Tränen. Es siedet

bei 182,5 bis 183° (korrigirt 185 bis 185,5°). Das spez.
Gewicht wurde gefunden: 1,4109 bei 22° (bezogen auf Wasser
von 0°).

Während das Benzylbromid sehr leicht doppelte Zersetzung
zeigt, ist das Bromtoluol im Gegenteil sehr beständig. Man
kann es mit einer gesättigten alkoholischen Ammoniaklösung
auf 100° erhitzen, ohne daß Zersetzung eintritt. Es kann
ebenso, bei Anwesenheit von Alkohol, mit Alkoholnatrium,
essigsaurem Kalium, essigsaurem Silber und Cyankalium längere
Zeit auf 100 bis 120° erhitzt werden, ohne daß Brommetall
entsteht. Erhitzt man endlich mehrere Stunden lang auf 250°,
so werden zwar nachweisbare Mengen von Bromiden gebildet,
aber es findet immer noch keine eigentliche Zersetzung statt.
Ob eine solche bei lang anhaltendem Erhitzen auf höhere
Temperaturen hervorgerufen werden kann, müssen weitere Versuche lehren; jedenfalls ist die Verschiedenheit des Bromtoluols
vom Benzylbromid hinlänglich festgestellt, und wenn das Bromtoluol überhaupt doppelte Zersetzung zu zeigen imstande ist,
so werden die aus ihm erhaltenen Produkte wohl eher Kressol-
derivate, als Benzylverbindungen sein.

[193] Nachdem jetzt das Bromtoluol als verschieden von
dem Benzylbromid erkannt worden ist, verdient, wie es scheint,
das Chlortoluol eine neue Untersuchung. Man kann gewiß
nach den Versuchen von *Cannizzaro* kaum daran zweifeln,
daß das aus Toluol durch Substitution dargestellte Chlortoluol
in höherer Temperatur dieselben Abkömmlinge zu erzeugen
imstande ist, wie das aus Benzylalkohol dargestellte Benzylchlorid. Die absolute Identität beider Körper ist aber dadurch
nicht nachgewiesen; es wäre nämlich nicht gerade undenkbar,
daß das Chlortoluol bei den in höherer Temperatur ausgeführten
Reaktionen durch Umlagerung der Atome in Benzylchlorid
übergeht. Diese Annahme scheint zwar deshalb nicht gerade
wahrscheinlich, weil *Cannizzaro*s Versuche bei verhältnismäßig
niederen Temperaturen ausgeführt wurden, aber man kann
andererseits kaum annehmen, daß das von *Cannizzaro* ver-
wendete Chlortoluol, weil in der Hitze dargestellt, gleich von
Anfang von dem Produkt verschieden gewesen sei, welches
Deville früher bereitet hatte, indem er Toluol im Dunkeln
und in der Kälte mit Chlor sättigte. Diese Hypothese ist
namentlich deshalb nicht zulässig, weil *Beilstein* bestimmt

angibt*), die Produkte seien genau dieselben, gleichgültig, ob das Chlor in der Hitze oder in der Kälte auf Toluol einwirke. Jedenfalls verdient der Gegenstand Aufklärung, und ich werde, sobald mir das Material zur Verfügung steht, diese Untersuchung aufnehmen [16]). Der Theorie nach muß eigentlich das Chlortoluol verschieden sein von dem Benzylchlorid:

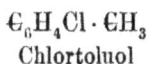

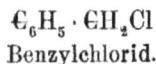

$$\mathrm{C_6H_4Cl \cdot CH_3} \qquad\qquad \mathrm{C_6H_5 \cdot CH_2Cl}$$
$$\text{Chlortoluol} \qquad\qquad\qquad \text{Benzylchlorid.}$$

Geht man nun einen Schritt weiter, und betrachtet man die Substanzen von der Formel: $\mathrm{C_7H_6Cl_2}$, so begegnet man [194] wiederum Körpern, deren Identität oder Isomerie noch zweifelhaft ist. Die Theorie deutet die Existenz dreier verschiedener Verbindungen an. Das aus Toluol durch Substitution dargestellte Bichlortoluol sollte, den Analogien nach, die beiden Chloratome in der Hauptkette enthalten. Im einfach-gechlorten Benzylchlorid ist ein Chlor in der Seitenkette, das andere, insofern es durch Substitution eingeführt wird, aller Wahrscheinlichkeit nach in der Hauptkette.

Im Chlorobenzol endlich befinden sich beide Chloratome in der Seitenkette, und zwar offenbar an dem Platze, den der Sauerstoff des Bittermandelöls (Benzoylhydrürs) einnimmt. Man hat [17]):

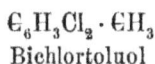

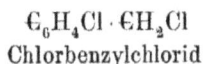

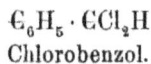

$$\mathrm{C_6H_3Cl_2 \cdot CH_3} \qquad \mathrm{C_6H_4Cl \cdot CH_2Cl} \qquad \mathrm{C_6H_5 \cdot CCl_2H}$$
$$\text{Bichlortoluol} \qquad\quad \text{Chlorbenzylchlorid} \qquad \text{Chlorobenzol.}$$

Das gechlorte Benzylchlorid ist als solches noch nicht dargestellt; wenn aber das Monochlortoluol wirklich mit Benzylchlorid identisch ist, so muß auch das Bichlortoluol mit Chlorbenzylchlorid identisch sein. Die Frage nach der Identität oder Verschiedenheit des Bichlortoluols und des Chlorobenzols ist mehrfach Gegenstand der Untersuchung gewesen. *Beilstein***) hatte beide Körper bestimmt für identisch erklärt; neuere Versuche von *Cahours****) und *Naquet*†) lassen wohl darüber keinen Zweifel, daß sie nur isomer, aber nicht identisch sind.

_____

*) Annalen d. Chem. u. Pharm. CXVI, 338, Anmerk.
**) Daselbst CXVI, 336.
***) Daselbst II. Supplementbd. 253. 306.
†) Daselbst II. Supplementbd. 249, 258.

Betrachtet man endlich die Verbindungen von der Formel
$C_7H_5Cl_3$, so wird die Anzahl der Körper, deren Identität oder
Verschiedenheit durch den Versuch festgestellt werden muß,
noch um einen größer. Man hat jetzt die folgenden [195] vier
durch ihre Bildungsweise wenigstens verschiedenen Substanzen:

1. Trichlortoluol, durch Substitution aus Toluol.
2. Bichlorbenzylchlorid, als Substitutionsprodukt von
   Benzylchlorid.
3. Monochlorchlorobenzol, als Substitutionsprodukt von
   Chlorobenzol.
4. Benzoesäuretrichlorid, durch Einwirkung von PCl_5 auf
   Benzoylchlorid.

Das Trichlortoluol sollte, der Darstellung nach, seine drei
Chloratome in der Hauptkette enthalten; während im Bichlorbenzylchlorid ein Atom Chlor in der Seitenkette, die beiden
anderen in der Hauptkette enthalten sind. Wenn das Chlortoluol wirklich mit dem Benzylchlorid identisch ist, so ist die
Identität der beiden Trichloride an sich nachgewiesen.

Das Benzoesäuretrichlorid enthält offenbar seine drei Chloratome in der Seitenkette; es entsteht aus Benzoylchlorid
$(C_6H_5 \cdot COCl)$ durch Vertretung des Sauerstoffs durch Chlor,
genau wie das Chlorobenzol aus Bittermandelöl. Was nun das
gechlorte Chlorobenzol angeht, so könnte es auf den ersten
Blick zweifelhaft erscheinen, ob das Chlor in den Kern oder
in die Seitenkette eintritt. Bedenkt man dann aber, daß das
Bittermandelöl (Benzoylhydrür) bei Einwirkung von Chlor nicht
gechlortes Bittermandelöl (Chlorbenzoylhydrür), sondern vielmehr
Benzoylchlorür liefert, so wird es wahrscheinlicher, daß das
dem Bittermandelöl analoge Chlorobenzol (Benzochlorylhydrür)
eine entsprechende Reaktion zeigt, d. h., daß es ebenfalls den
noch vorhandenen Wasserstoff der Seitenkette gegen Chlor
austauscht. Das gechlorte [196] Chlorobenzol und das Trichlorid der Benzoesäure müssen also identisch sein. Man hat
demnach:

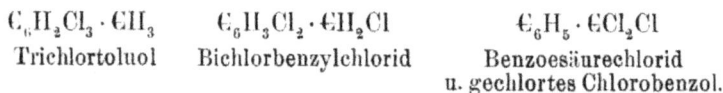

$$C_6H_2Cl_3 \cdot CH_3 \qquad C_6H_3Cl_2 \cdot CH_2Cl \qquad C_6H_5 \cdot CCl_2Cl$$

Trichlortoluol   Bichlorbenzylchlorid   Benzoesäurechlorid
                                                u. gechlortes Chlorobenzol.

Mit diesen aus der Theorie hergeleiteten Ansichten stimmen
in der Tat die bis jetzt vorliegenden Beobachtungen überein.

Nach neueren Versuchen von *Limpricht**) ist das gechlorte Chlorobenzol identisch mit dem Trichlorid der Benzoesäure. Das Trichlortoluol dagegen besitzt nach *Naquets* Angaben, welchen *Limpricht* bestimmt, abweichende Eigenschaften. Ein zweifach-gechlortes Benzylchlorid ist als solches bis jetzt nicht dargestellt.

Sollte das Monochlortoluol mit dem Benzylchlorid wirklich identisch sein, so fallen die an Chlor reicheren Abkömmlinge beider zusammen, und es wäre dann von Interesse, die entsprechenden Bromderivate zu untersuchen, da nach den oben mitgeteilten Beobachtungen das Monobromtoluol von dem Benzylbromid bestimmt verschieden ist.

Ich kann diese Mitteilungen nicht schließen, ohne meinem Assistenten, Herrn Dr. *Glaser*, für die wertvolle Hilfe zu danken, die er mir bei Ausführung der beschriebenen Versuche geleistet hat.

---

*) Annalen d. Chem. u. Pharm. CXXXV, 80.

August Kekulé,

dessen zwei wichtigste Abhandlungen wir hier wieder zum Abdruck bringen, war am 7. September 1829 zu Darmstadt geboren, wo sein Vater hessischer Oberkriegsrat war. Nach absolvirtem Gymnasium bezog er die Universität Gießen, um Architektur zu studiren. Bald aber, von *Liebigs* Namen und Persönlichkeit angezogen, vertauschte er dies Studium mit dem der Chemie. Sein Lehrer erkannte sehr bald die hohe geistige Bedeutung des jungen Mannes, nannte ihn, wie er mir selbst häufig erzählte, seinen letzten Schüler und bot ihm schon nach wenigen Jahren eine Assistentenstelle an. Er aber zog vor, ein Jahr nach Paris zu gehen, um die großen Chemiker dort, *Dumas*, *Regnault*, *Pasteur*, *Cahours*, *Wurtz*, *Berthelot* und namentlich *Gerhardt*, kennen zu lernen.

Schon in den ersten Tagen seines Pariser Aufenthalts besuchte er diesen. Die kongenialen Naturen erkannten sich sofort, und sein erster Besuch dauerte bis nachts 12 Uhr. Bald entwickelte sich ein freundschaftlicher Verkehr, dem *Kekulé* viel verdankt. Im Jahre 1852 kehrte *K.* nach Deutschland zurück und promovierte am 15. Juli d. J. in Gießen. Dann war er über ein Jahr Assistent bei *Planta* (in Reichenau bei Chur), mit dem er eine Arbeit über Coniin und Nicotin veröffentlichte, nahm dann Januar 1854 eine Assistentenstelle bei *Stenhouse* in London an, bei dem er abends im Keller heimlich seine bekannte Untersuchung über die Thiacetsäure ausführte. Dort lernte er *Williamson* näher kennen; dessen Arbeiten und Gedanken einen unverkennbaren Einfluß auf ihn ausgeübt haben.

Im Jahre 1856 siedelte *Kekulé* nach Heidelberg über und erwarb dort am 29. Februar d. J. die venia legendi. Dort ist die erste der beiden vorgedruckten Abhandlungen entstanden, auch hat er dort seine Arbeit über Knallquecksilber ausgeführt und sein berühmtes Lehrbuch der organischen Chemie begonnen. — Schon im Oktober 1858 folgte *Kekulé* einem Ruf als ordentlicher Professor der Chemie nach Gent, wohin er von *Liebig* empfohlen war.

Hier entfaltete er eine hervorragende Tätigkeit als Forscher, aber auch als Lehrer, da eine Reihe von jungen talentvollen Chemikern seinetwegen die dortige Universität aufsuchten. Seine bedeutendste Leistung, die zweite der vorgedruckten Abhandlungen, Untersuchungen über aromatische Verbindungen, ist hier entstanden, ferner eine große Zahl von Experimentaluntersuchungen, namentlich über organische Säuren, und der größte Teil seines Lehrbuchs, das übrigens niemals zu Ende gekommen ist.

Neun Jahre blieb *Kekulé* in Gent. Im Juni 1867 folgte er einem Ruf nach Bonn, wo er bis zu seinem Tode am 13. Juli 1896 blieb.

In Bonn hatte er ein sehr großes und weitläufig gebautes Institut zu verwalten, was ihm viel Zeit kostete. Doch hat er in den ersten Jahren seines dortigen Aufenthalts noch eine reiche wissenschaftliche Tätigkeit entwickelt, zunächst als Lehrer, denn auch hier strömten ihm die Schüler von allen Seiten zu, dann aber auch als Forscher. Hier entstand seine berühmte Arbeit über den Aldehyd, die Überführung von Diazoamidobenzol in Amidoazobenzol, die Untersuchung über die Oxydationsprodukte der Fumar- und Maleïnsäure und die noch unveröffentlichte Arbeit über das Pyridin.

In den letzten Jahren seines Lebens ist von seiner Tätigkeit nicht mehr viel in die Öffentlichkeit gedrungen. Er schrieb mir zwar damals, er arbeite noch ebenso eifrig wie früher, aber »meist ohne Erfolg«. Seine Assistenten und Schüler jener Zeit fanden eine verhältnismäßig frühe Abnahme seiner geistigen Elastizität. Im Jahre 1890 aber bei dem bekannten Benzolfest in der chemischen Gesellschaft in Berlin war davon nichts zu merken. Seltener wohl hat ein Jubilar so seine Freunde und Schüler in Begeisterung versetzt wie *Kekulé* damals durch seine geistsprühenden Reden. Es sollte aber auch sein Schwanengesang sein.

*Kekulé*s Hauptverdienst liegt unzweifelhaft in der Förderung, welche ihm die organische Chemie verdankt. Seine theoretischen Anschauungen, die Lehre von der Vierwertigkeit des Kohlenstoffs, die daraus entstandene Strukturchemie, als deren Mitbegründer er betrachtet werden muß, und die Theorie der aromatischen Verbindungen, haben einen außerordentlichen Einfluß ausgeübt. Und zwar nicht nur auf die wissenschaftliche, sondern auch auf die technische Chemie. Der große Aufschwung, den Deutschlands chemische Technik am Ende des vorigen Jahrhunderts genommen hat, ist zum Teil wenigstens auf seine wissenschaftlichen Leistungen zurückzuführen. Ich kenne kein zweites Beispiel dafür, daß abstrakte wissenschaftliche Erörterungen so direkt für das Leben nutzbar gemacht wurden.

Anmerkungen.

1) *Zu S. 3.* Diese Abhandlung ist durch den Schluß, von S. 23 an, in welchem zuerst die Vierwertigkeit des Kohlenstoffs ausgesprochen wird, von fundamentaler Bedeutung. Der Anfang der Abhandlung enthält vieles Polemische und ist schon deshalb nicht von der Wichtigkeit, welche dem letzten Teil zukommt. Dieser erste Teil wird nur für diejenigen Leser verständlich sein, die sich eingehend mit der Geschichte der Chemie jener Zeit beschäftigt haben. Um auch anderen das Verständnis zu erleichtern oder zu ermöglichen, sei kurz einiges über den Begriff der Paarung angeführt: die Theorie der Reste und der gepaarten Verbindungen (corps-copulés) wird von *Gerhardt* 1839 eingeführt. Damals führt er aus, daß, »wenn zwei Körper aufeinander reagiren, aus dem einen ein Element (z. B. Wasserstoff) austritt, das sich mit einem aus dem anderen Körper ausgetretenen Element (z. B. Sauerstoff) vereinigt, um eine stabile Verbindung (Wasser) zu erzeugen, während die Reste zusammentreten.« So entstehen Nitrobenzol, Sulfobenzid usw. »Gepaarte Verbindungen« sind für ihn damals Körper, die durch Anlagerungen (im Gegensatz zu Substitutionen) entstehen, bei denen sich die Basizität nicht ändert. So ist z. B. Sulfobenzolsäure eine gepaarte Verbindung, die durch Anlagerung von Schwefelsäure (die damals nach *Liebig* noch als einbasisch betrachtet wurde) an Sulfobenzid entsteht:

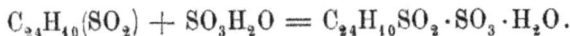

$$C_{24}H_{10}(SO_2) + SO_3H_2O = C_{24}H_{10}SO_2 \cdot SO_3 \cdot H_2O.$$

Diese Auffassung verläßt übrigens *Gerhardt* sehr bald, und im Jahre 1843 rechnete *Gerhardt* alle Verbindungen zu den gepaarten, welche durch Einwirkung von Säuren auf Alkohole, Kohlenwasserstoffe usw. entstehen, und bei deren Bildung die Körper sich unter Wasseraustritt vereinigen. Jetzt sind also die Paarlinge keine Anlagerungen mehr, sondern wahre

Substitutionsprodukte, doch konstituiren sie für *Gerhardt* noch immer eine besondere Körperklasse, namentlich ihrer Sättigungskapazität wegen. Schon damals stellt er eine Sättigungsregel auf, die er aber zwei Jahre später etwas allgemeiner formulirt. 1845 nennt er alle Verbindungen gepaart, die durch Vereinigung zweier Substanzen unter Wasseraustritt entstehen und bei Wasseraufnahme wieder in die Komponenten zerfallen. Das Basizitätsgesetz wird jetzt:

$$B = (b + b') - 1,$$

worin B die Basizität des Produktes, b und b' die Basizitäten der Komponenten bedeuten. Freilich wird aber jetzt die Schwefelsäure als zweibasisch betrachtet. Ferner weist *Gerhardt* ausdrücklich darauf hin, daß diese Gleichung nur für Paarung je eines Äquivalentes gelte, und daß bei der Paarung zweier Äquivalente die Gleichung zweimal angewendet werden müsse, um die richtige Basizität des Produkts zu finden.

Was nun die Diskussion zwischen *Kekulé* und *Limpricht* betrifft, so ist sie nicht von erheblicher Bedeutung, da die Meinungsverschiedenheit beider keine große und geringer ist, als sie von *Kekulé* aufgefaßt wird. Im einzelnen muß man übrigens *Kekulé* durchaus Recht geben, so wenn er gegen *Mendius* vorgeht, von dem der auf S. 6 aus Annalen d. Chem. u. Pharm. 103, 74 citirte Satz herrührt, der absolut unverständlich und auch unrichtig ist. Überhaupt tritt *Kekulé*s klare und streng logische Schreibweise sehr vorteilhaft gegenüber der von *Limpricht* und seiner Schüler hervor.

2) *Zu S. 4.* Hier liegt ein Irrtum *Kekulé*s vor, der um so erstaunlicher ist, als *Kekulé* in der Literatur gerade jener Zeit ganz vorzüglich orientirt war. Das Basizitätsgesetz rührt nämlich nicht von *Strecker*, sondern, wie schon in Anmerk. 1 hervorgehoben, von *Gerhardt* her, und *Strecker* hat ihm nur eine einfachere Form gegeben.

3) *Zu S. 7.* Diese Bemerkungen sind ausgezeichnet und wohl das Wichtigste, was in der Polemik enthalten ist. Hier zeigt sich *Kekulé* als Schüler *Williamson*s, von dem die Idee des Zusammenhangs der Atome oder Radikale herrührt.

4) *Zu S. 19.* Diese Bemerkungen sind meiner Ansicht nach spitzfindig. So vermag ich zwischen Formel 1 und 2 keinen Unterschied zu finden.

5) *Zu S. 22.* Der Name Chlorschwefelsäure für SO_2Cl_2 war damals neben dem auch heute noch üblichen Sulfurylchlorid in Gebrauch.

6) *Zu S. 25.* Diese Ansicht hat sich nicht bestätigt.

7) *Zu S. 26.* Auch diese Hypothese hat sich nicht bestätigen lassen.

8) *Zu S. 29.* Anfangs beabsichtigte ich, die ursprüngliche Form dieser Abhandlung aus dem Bullet. Soc. chim. dieser späteren Form voran drucken zu lassen. Als ich mich aber überzeugte, daß sie gar nichts enthält, was sich nicht auch hier findet, so habe ich darauf verzichtet.

9) *Zu S. 30.* Hier spielt *Kekulé* auf eine vorläufige Mitteilung *Fittigs* in der Zeitschrift für Chemie 1865, I. 241 an, wo dieser Chemiker durch Behandlung von Mesitylen mit Chromsäure nur Essigsäure erhielt.

10) *Zu S. 41.* Hier ist einer der wenigen Irrtümer der Abhandlung zu verzeichnen. Dimethylirter Methylalkohol ist nämlich identisch mit Nr. 28, d. h. mit *Kekulés* Methyläthylalkohol und mit Nr. 30: Acetonalkohol. Daß *Kekulé* den letzteren als verschieden von *Kolbes* Pseudoalkoholen bezeichnet, kann nur als Flüchtigkeitsfehler bezeichnet werden, da *Kolbe* ausdrücklich erklärt hatte, daß der 2fach methylirte Alkohol durch Oxydation Aceton liefern müßte.

Die im weiteren Verlauf der Anmerk. S. 41 gemachten Auseinandersetzungen über Isomerien zwischen Alkoholen und den Hydraten von *Wurtz* ebenso wie über analoge Isomerien bei Säuren haben sich nicht bestätigt.

11) *Zu S. 48.* Die Möglichkeit, daß Cumol Isopropylbenzol sei, wird hier übergangen.

12) *Zu S. 54. Körner* hat diese Überlegungen später benutzt, und darauf seine Methode der Ortsbestimmung gegründet. Der erste Gedanke dazu rührt also von *Kekulé* und nicht von *Körner* her.

13) *Zu S. 69.* Bekanntlich hat sich diese Methode später als nicht durchführbar erwiesen. Sie gelingt erst bei Zusatz von Al_2Cl_6.

14) *Zu S. 71.* Hier ist wahrscheinlich ein Druckfehler: es muß wohl bei 82° siedendem Benzol heißen, oder meint *Kekulé* ein Gemisch von Benzol und Toluol?

15) *Zu S. 75. Kekulé* sieht hier von den durch die relative Stellung der Substituenten entstehenden Isomerien ab. In Wirklichkeit sind es 13 Isomere.

16) *Zu S. 81.* Was die betr. Versuche ergaben, ist zu bekannt, als daß ich hier darauf eingehen sollte.

17) *Zu S. 81.* Vergl. das unter 14 Gesagte.

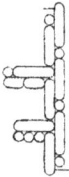
24. Tolylalkohol.

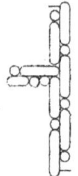
18. Benzylalkohol.

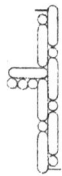
12. Toluol.

6. Phenol.

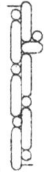
1. Offene Kette.

2. Geschlossene Kette.

25. Alphatoluylsäure.

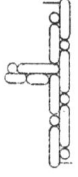
19. Benzoësäure.

13. Xylol.

7. Oxyphensäure.

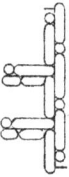
26. Terephtalsäure.

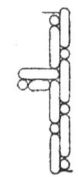
20. Benzaldehyd.

14. Cumol.

8. Pyrogallussäure.

3. Benzol.

27. Propylalkohol.

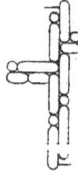
21. Oxybenzoësäure.

15. Methyl Benzol.

9. Anilin.

4. Monochlorbenzol.

28. Aceton.

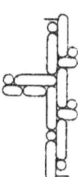
22. Protocatechusäure.

16. Monochlortoluol.

10. Diamidobenzol.

5. Dichlorbenzol.

Methyl Äthylketol.

29. Aceton. 30. Acetonalkohol.

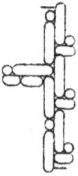
23. Gallussäure.

17. Benzylchlorid.

11. Triamidobenzol.

Fig. 31.

Fig. 32.